Mirko Simon

MEIN HOCHBEET JAHR

365 Tage Selbstversorger aus dem eigenen Garten

WAS SIE IN DIESEM BUCH ENTDECKEN KÖNNEN

ÜBER DAS HOCHBEET

DIE GESCHICHTE DER HOCHBEETE

Viele Hobbygärtner denken, dass Hochbeete eine moderne Erfindung für rüstige Rentner sind, die sich nicht mehr so viel bücken mögen oder können. Das ist falsch, deshalb denken Sie ganz schnell um, wenn Sie für Ihren Garten ein Hochbeet planen.

Bereits in vielen alten Kulturen waren Hochbeete selbstverständlich. In Asien wurden vor über 4.000 Jahren die Gemüsebeete erhöht angelegt und die Ränder festgetreten.

In Mittelamerika legten die Maya und Azteken ihre Hochbeete in Sümpfen und flachen Seen wie eine Insel an. Dafür wurde ein Geflecht aus Rohrschilf gebaut, welches die Grundfläche bildete. Nachdem dieses mit weiterem Schlamm aufgefüllt wurde, setzte man zum Schutz des Beetes eine absichernde Randbepflanzung aus Weiden und Wasserpflanzen wie beispielsweise unser heutiges Pampasgras. Die Umrandungen erfolgten in der Regel mit Vulkangestein, das als besonders reich an Nährstoffen gilt.

Auch die Römer nutzten die Hochbeete, um sich selbst zu versorgen. Generell wurden in Europa diese Beete mit Eichenholz, Ziegelsteinen, Knochenmaterial, Flechtwerk aus Zweigen und Ästen oder Natursteinen und vielen anderen Materialien eingefasst.

Andere Berichte zeigen, dass Hochbeete in Mittelamerika wie Hügel angelegt wurden, um den Lauf der Sonne für das Wachstum der Nahrungsmittel optimal auszunutzen.

Eines haben alle Kulturen gemeinsam: Der Fantasie für den Bau eines Hochbeets und dessen Umsetzung sind bis heute keine Grenzen gesetzt!

GUTE GRÜNDE FÜR DEN BAU VON HOCHBEETEN

- Hochbeete erleichtern das Gärtnern auf vielfältige Weise. Je nach Höhe müssen Sie sich nicht mehr so tief bücken, sondern können im Stehen oder sogar im Sitzen gärtnern.
- Sie haben weniger Gartenarbeit und müssen weniger Unkraut jäten.
- Wer sein Einfamilienhaus mit Garten ‚nur' gemietet hat, kann bei einem Umzug das Hochbeet und niedrige Pflanzen mitnehmen. Fest eingepflanzte hochgewachsene Bäume und Sträucher, die er selbst gesetzt hat, aber nicht. Hier sind große Kübel als Hochbeet-Ersatz für Spalierobst oder Obstbäume zu empfehlen.
- Hochbeete können dem Garten eine Struktur geben – besonders im Gemüse- und Kräutergarten. Vorbilder finden Sie teilweise in England, Frankreich und natürlich auch in italienischen Gärten. Die Beete für Zier- und Nutzpflanzen sind in der Regel von Steinen umrahmt, sodass sie teilweise höher liegen als die Rasenflächen und Gehwege.
- Das Hochbeet wird nicht so schnell von Schädlingen wie Schnecken, Mäusen oder wilden Kaninchen erobert.
- Sie bestimmen, welche Erde in Ihr Hochbeet kommt. So müssen Sie nicht gegen einen zu sauren, zu sandigen oder lehmhaltigen Boden ‚kämpfen'.
- Ihre Hochbeete lassen sich einfacher pflegen, weil sie auf eine kleinere Fläche begrenzt sind. Wer körperlich nicht mehr so lange im Garten arbeiten kann, der kann sich die Gartenarbeit mit Hochbeeten besser einteilen.
- Rein optisch können Sie Ihr Hochbeet auch als Sicht- oder Windschutz oder als Trennwand zwischen den verschiedenen Gartenbereichen nutzen.

Sie sehen, dass ein Hochbeet durchaus viele Vorteile zu bieten hat – obwohl der Anfang manchmal schwierig und aufwendig zu sein scheint.

WELCHES MATERIAL EIGNET SICH? DIESE DINGE SOLLTEN SIE BEACHTEN

Wie in der Einleitung bereits erwähnt, gibt es sehr viele Möglichkeiten, ein Hochbeet zu bauen. Sie können also Ihrer Kreativität freien Lauf lassen. Sinnvoll ist es, bei kleineren Hochbeeten auf natürliche Materialien zu achten, in denen die Wurzeln noch Luft bekommen und aus denen überschüssiges Wasser ablaufen kann.

In Materialien wie Kunststoff oder Metall überhitzt die Erde schnell, was zum Absterben der Wurzeln und schließlich der ganzen Pflanze führen wird. Das sogenannte ‚Upcycling' von Kunststoffgefäßen wie Eimern oder Maurerkübeln ist für eine Bepflanzung aus unserer Sicht nicht zu empfehlen. Allerdings lassen sich diese Gefäße zu kleinen Biotopen oder Mini-Teichen umfunktionieren, die neue Tiere in den Garten locken werden. Auch der Einsatz als Wasserschale für wilde Tiere oder als Badeplatz für Vögel ist möglich – Ihnen fällt bestimmt etwas Passendes für Ihren Garten oder Balkon ein.

IHRE KREATIVITÄT – LASSEN SIE SICH VON UNS INSPIRIEREN

Die Fachliteratur und viele Magazine nennen bereits große Blumenkübel, die für die Aussaat von Radieschen benutzt werden, ein Hochbeet. Damit können Sie echten Gärtnern nur ein müdes Lächeln abringen – aber es funktioniert, die Radieschen können so auch auf dem Balkon wachsen. Damit sparen Sie den Platz im Hochbeet für größer wachsendes Gemüse! Zudem lassen sich durch Balkonblumenkästen auch Hochbeete erweitern, indem man diese einfach außen anhängt oder separat an das Balkongeländer hängt. Der so geschaffene Platz kann für all die Gemüsesorten genutzt werden, die nicht so tief Wurzeln.

Waren Sie auf der Bundesgartenschau (BUGA) in Erfurt? Dann wissen Sie, dass das vertikale Gärtnern total im Trend liegt. Begonnen hat der Trend wohl mit den aufgestellten Euro-Paletten, die als selbst gebautes Hochbeet für kleine Pflanzen wie Kräuter genutzt werden. Diese Paletten Idee lässt sich auch auf Ihrem Balkon umsetzen. Dieses vertikale Paletten-Hochbeet kann zudem für etwas mehr Sichtschutz und Privatsphäre sorgen oder auch für mehr Schatten und Kühle im Innenraum, wenn Sie bodentiefe Fenster haben. Doch das ist nur eine von vielen Ideen. Hier unsere Vorschläge zur Anregung:

- **Holzrahmen direkt im Beet,**
- **alte Holzkisten, wie sie beispielsweise für Wein oder Whisky-Lieferungen benutzt werden,**
- **Gemüsekisten,**
- **Bäckerkisten,**

- **Pyramide aus verschiedenen Holzrahmen,**
- **Palettenrahmen – mit oder ohne Palette,**
- **Pflanzkästen auf alten Servierwagen oder ähnliche Gegenstände montiert,**
- **Hügel-Hochbeet ohne Rahmen mit festgeklopftem Rand,**
- **Hochbeet mithilfe von Findlingen bauen,**
- **Hochbeet aus Ziegelsteinen,**
- **Kombinationsmöglichkeiten (Hochbeetrahmen aus Holz auf Ziegelsteinsäulen),**
- **Hochbeet auf Rollen setzen,**
- **Hochbeet aus vier hochgestellten Paletten,**
- **Frühbeet-Aufsatz,**
- **große Edelstahl- oder Edelrost-Pflanzkästen,**
- **Rahmen aus Schieferplatten gemauert,**
- **alte Dachziegel als Hochbeet-Rahmen.**

Zudem haben Sie die Qual der Wahl bei der Form des Aufbaus Ihres Hochbeets:

- Die Hufeisenform bietet viel Beetfläche und erleichtert den Zugang.
- Mehrere Hochbeete in quadratischer Form können gemeinsam wieder zu einem Quadrat aufgestellt werden.
- Auch Rautenformen lassen sich aus den Rahmen aufbauen.
- Bei flacheren Hochbeetrahmen raten wir unbedingt zu einem optisch ansprechenden Aufbau, da Sie ständig auf die Beete draufschauen können.
- Auch innerhalb des aufgebauten Hochbeets können Sie das Beet in Quadrate oder andere Formen einteilen und zum Beispiel mit Holzbrettern in der Erde abgrenzen. Diese Vorgehensweise eignet sich besonders für Kräuterbeete, da jede Pflanze ihren eigenen Platz hat und die Wurzeln sich so nicht in die Quere kommen.
- Selbst die Kräuterschnecke, die sich in die Höhe windet, gilt als kleines Hochbeet.
- Eine weitere Variante für ein Kräuter- oder Gemüsebeet ist die Form des Wagenrads. Ein echtes Wagenrad eignet sich aufgrund der Größe nur für kleine Bepflanzungen. Die Form jedoch können Sie mit Steinen oder anderen Materialien nachbauen und dann mit Erde befüllen.

WAS IST DAS BESTE BEET FÜR SIE PERSÖNLICH?

Ihre Hochbeete sollen Ihnen zum einen das Gärtnern erleichtern und zum anderen das normale Gemüsebeet ersetzen. Der Aufwand für den Bau eines Hochbeets mit größerer Fläche oder auch mehrerer Hochbeete lohnt sich wirklich nur dann, wenn Sie es zur Selbstversorgung als Gemüsebeet nutzen. Selbstverständlich können Sie auch ein Stauden- oder Rosenbeet in ein Hochbeet verlegen – dafür eignen sich dann mehrere Hochbeete mit kleineren Flächen.

Auf der kleineren Fläche können Sie einfacher und schneller die Pflanzen pflegen, die Erde auflockern oder von Unkraut befreien und wässern. Gerade wenn Ihnen vielleicht das Gärtnern schwerer geworden ist, haben Sie mit dem Hochbeet die Möglichkeit, sich zum Beispiel pro Tag ein Hochbeet vorzunehmen. So halten Sie in Ihrem Garten regelmäßig Ordnung und schaffen weiterhin alles selbst.

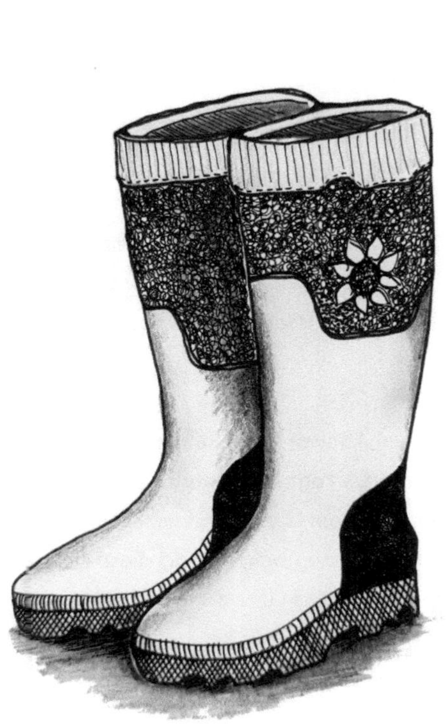

DIE AUSWAHL DER RICHTIGEN GRÖSSE UND HÖHE

Ein Hochbeet kann direkt auf dem Boden stehen, aber auch auf einer gepflasterten Stelle. Zum Schutz gegen Mäuse wird ein Wühlmausgitter unten innerhalb des Rahmens auf die Erde gelegt.

Gehen Sie also in aller Ruhe durch Ihren Garten und überlegen Sie, wo das Hochbeet seinen Platz finden soll. Wenn Sie Ihr bisheriges Gemüsebeet in ein Hochbeet verlegen möchten, ist doch dieser Beetabschnitt ideal für Ihr Hochbeet.

Generell entscheidet natürlich der zur Verfügung stehende Platz für ein Hochbeet über dessen Ausmaße. Doch Sie sollten auch Ihre Ideen für das Gemüse berücksichtigen, denn Kohl- und Salatpflanzen benötigen beispielsweise recht viel Platz zum Wachsen. Die meisten Gemüsepflanzen benötigen viel Sonne. Das sollten Sie bei der Standortwahl beachten. Falls Sie Angst haben, dass Ihre Pflanzen in der prallen Sonne verbrennen, denken Sie daran, dass Sie im Nachhinein immer noch einen Sonnenschutz errichten können.

Ist die Standortfrage geklärt, müssen Sie sich für eine Höhe entscheiden. Inzwischen gilt bereits ein in Holz oder Steine eingefasstes Beet als Hochbeet. Auch dieses erleichtert die Gartenarbeit und reicht vielen Menschen schon aus Kostengründen. Bei einer höheren Einfassung sollten Sie bedenken, dass Sie jederzeit mit Ihren Armen bequem im Hochbeet arbeiten können müssen – egal, ob Sie dabei sitzen oder stehen. Planen Sie den Rahmen deshalb eher einen Tick zu niedrig als zu hoch!

Hinzu kommt die Frage, was Sie im Hochbeet pflanzen möchten. Für den Anbau von hochwachsendem Gemüse wie Tomaten gilt, dass ein tieferes Beet ausreichend ist. Da die Pflanzen in die Höhe schießen, können Sie so bequem im Stehen arbeiten. Der Standort sollte bei Tomaten außerdem Regenwasser von oben fernhalten und gleichzeitig den Tomatenpflanzen viel Sonne schenken.

Sollten Sie Ihr Hochbeet direkt auf der Erde im Garten planen, können Sie es sehr niedrig halten. Die Pflanzen werden einfach in den Mutterboden wurzeln und diesen auflockern sowie verbessern. Umgraben ist dazu gar nicht nötig! Wenn Sie ein Hochbeet dagegen auf gepflastertem Untergrund erstellen wollen, sollte dieses höher ausfallen. Die Höhe wird hier von tiefer wurzelnden Pflanzen benötigt, da diese sich nach unten hin nicht weiter ausbreiten können und somit durch die Höhe des Beetes in Ihrem Wachstum eingeschränkt sind.

Grundsätzlich entscheiden Sie über Form und Höhe ganz nach Ihren Wünschen und Bedürfnissen. Gleichzeitig haben Hochbeete den Nachteil, dass gutes Holz wie Douglasie oder Lärche viel Geld kostet und knapp ist. Hinzu kommen die Kosten für die Innenauskleidung, die das Holz vor Schimmel und Verrottung schützt und das Material zum Füllen des Beetes.

Sie sehen, der Bau eines Hochbeets sollte in jeder Hinsicht gut durchdacht sein.

HOCHBEETE SELBER BAUEN

Viele Hobbygärtner denken, dass Hochbeete eine moderne Erfindung für rüstige Rentner sind, die sich nicht mehr so viel bücken mögen oder können. Das ist falsch, deshalb denken Sie ganz schnell um, wenn Sie für Ihren Garten ein Hochbeet planen.

KLASSISCHES HOCHBEET AUS PALETTENRAHMEN

Für die Europalette gibt es ebenso genormte Rahmen, die sich mithilfe entsprechender Scharniere fest auf die Palette setzen lassen. Außerdem sind die Rahmen aufeinander stapelbar. Auf diese Weise können Sie in kürzester Zeit ein Hochbeet ganz nach Ihren Bedürfnissen bauen. Der einzige Nachteil besteht darin, dass die Beetfläche auf die Außenmaße der Europalette (120 x 80 cm) begrenzt ist. Die Vorteile sind jedoch vielfältig: Dieses Hochbeet ist schnell aufgebaut und bepflanzt, es lässt sich ebenso schnell wieder abbauen, falls Sie umziehen oder Sie die Palette an einen anderen Ort stellen möchten und sie müssen es nicht zwingend in diversen Schichten befüllen. Zudem ist es kostengünstig und ließe sich sogar mit einem Hubwagen umplatzieren. Sie haben hier außerdem die Wahl, ob Sie das Beet direkt auf Ihrem Rasen oder Erdfläche im Garten aufstellen, oder aber das Beet unabhängig vom Standort durch eine Europalette als Unterboden abtrennen.

MATERIALLISTE

- Eine Europalette je nach Standort
- 1-5 Palettenrahmen, je nach Bedarf
- Unterbodengewebe je nach Standort
- Wühlmausgitter je nach Standort
- Rasenkante (optional)
- Gartenschere
- Tacker und/oder Hammer & Nägel
- Gute Pflanz-, Gemüse- oder Komposterde
- Eventuell alte Zweige
  (die nicht mehr ausschlagen)

PALETTENRAHMENBEET AUF PFLASTERSTEINEN, KIES ODER BETON

Sobald Sie den geeigneten Standort für das Paletten-Hochbeet gefunden haben, legen Sie Ihre Europalette auf diese Stelle. Zum Schutz für das Holz der Palette wäre ein gepflasterter Ort gut. Alternativ können Sie beispielsweise einige Ziegelsteine unter die Palette legen – oder sie auch einfach auf einem Stück Rasen am Rande des Gartens platzieren.

Nun tackern oder nageln zunächst das Wühlmausgitter direkt auf der Palette fest. Das Unterbodengewebe befestigen Sie direkt darüber. Nun packen Sie den ersten Palettenrahmen aus, stecken Sie die Teile dieses ersten Rahmens zusammen und dann direkt auf die Palette. Das ist schnell geschafft. Lassen Sie die anderen Teile noch liegen, denn mit einem Rahmen sind die weiteren Vorbereitungen einfacher. Damit bleiben Rahmen und Palette unabhängig voneinander und sind gegebenenfalls einfacher wieder auseinanderzubauen.

Nun können Sie weitere Rahmen aufstecken, bis die von Ihnen gewünschte Höhe erreicht ist. Wir empfehlen, zunächst mit zwei Rahmen zu beginnen, denn auch hier ist das Ergänzen einfacher als ein eventueller Rückbau. Sobald das Paletten-Hochbeet steht, können Sie mit dem Befüllen beginnen. Bei einer Höhe von zwei bis drei Palettenrahmen lohnt sich die bei Hochbeeten übliche Unterschicht aus Gehölzen und Grasschnitt noch nicht. Hier können Sie Komposterde, gute Pflanzenerde oder frischen Mutterboden direkt einfüllen. Ab vier bis fünf Rahmen lohnt es sich allerdings, diese unterste Schicht anzulegen. Weitere Informationen dazu finden Sie im Kapitel über das Befüllen des Beetes.

Unterschätzen Sie die Größe des Paletten-Hochbeets nicht. Um ein Palettenbeet mit nur zwei Rahmen gut zu füllen, brauchen Sie gut 200 Liter Erde. Sollten Sie das Beet auf Ihrem Balkon aufstellen wollen, müssen Sie sich vorab unbedingt über die Traglast Ihres Balkons informieren. Im schlimmsten Fall kann es sonst zu Schäden am Haus führen!

Ob Sie es bis zum Rand mit Erde füllen oder nicht ganz so hoch, sodass der Rahmen die niedrigeren Pflanzenteile vor Wind schützt, bleibt Ihnen überlassen.

Abschließend können Sie Ihr neues Paletten-Hochbeet direkt bepflanzen oder Ihre Samen aussäen und mit einem Sprühkopf oder der Gießkanne bewässern. Natürlich wird die Erde in den folgenden Tagen etwas absinken und auch bei stärkeren Regenfällen teils aus den Rändern austreten. Um diesen Erdverlust auszugleichen, sollten Sie sich einen großen Vorrat an Blumenerde zulegen.

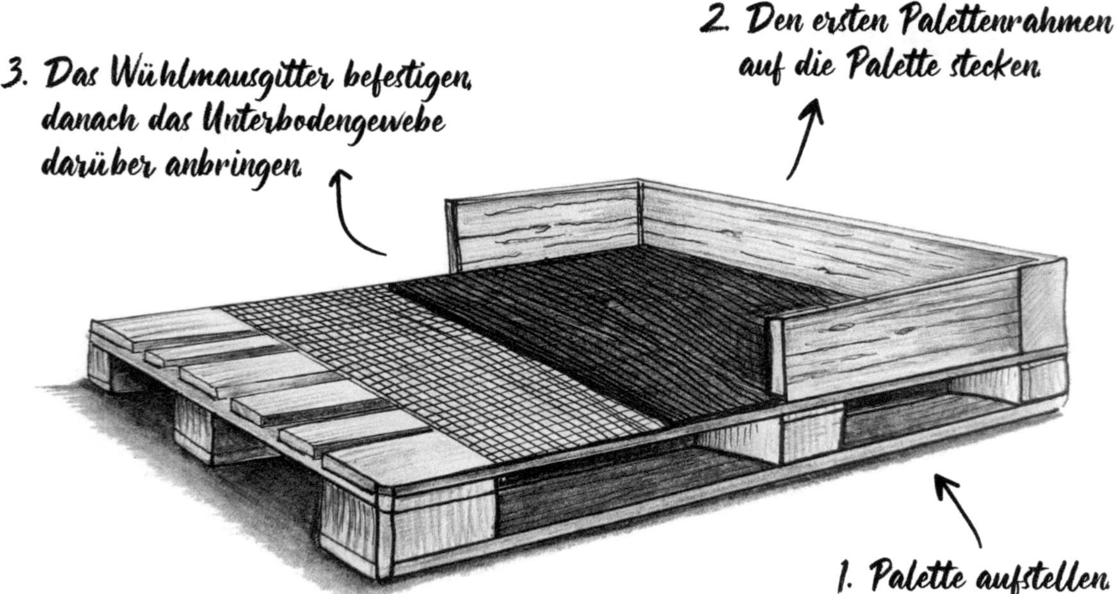

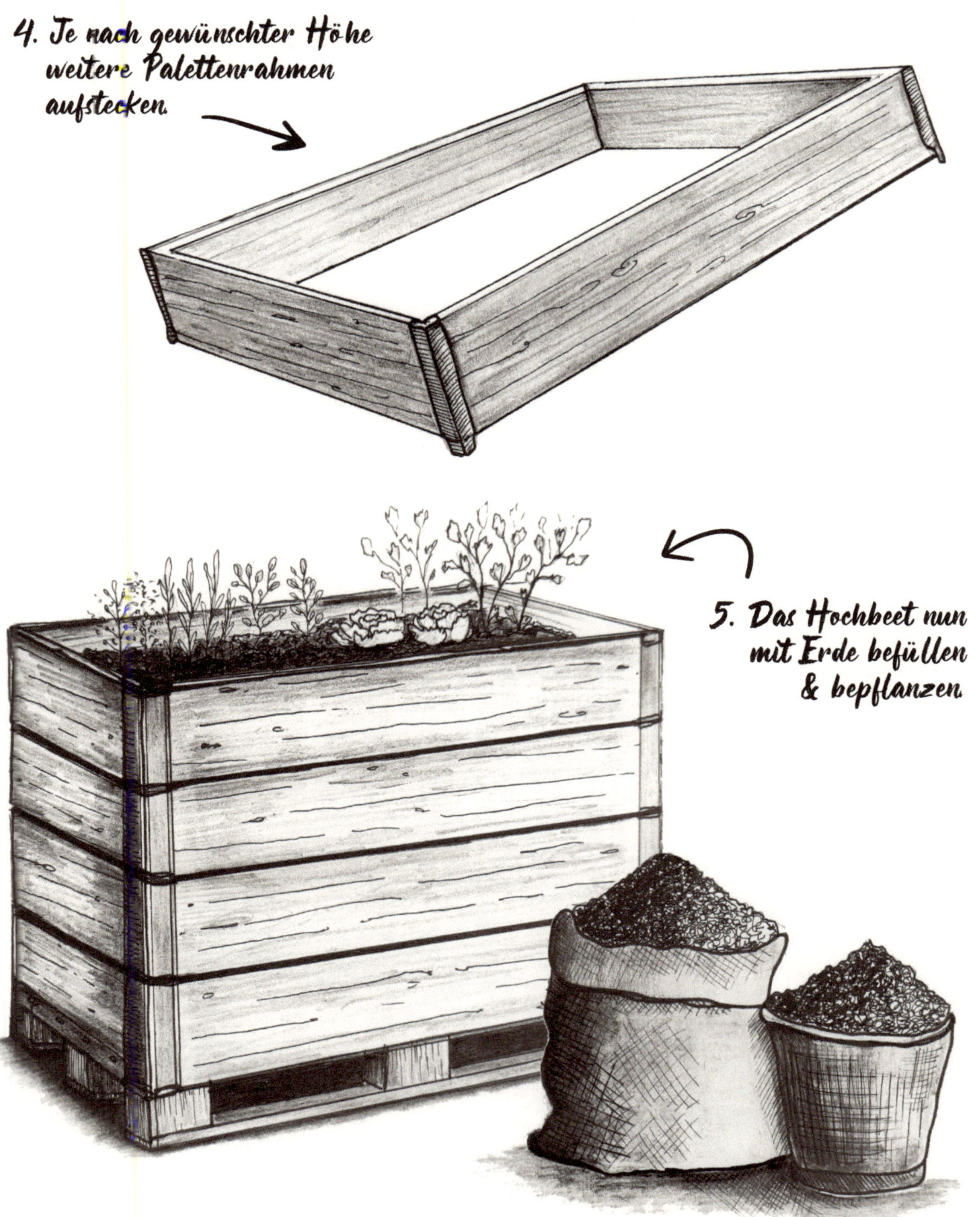
4. Je nach gewünschter Höhe weitere Palettenrahmen aufstecken.
5. Das Hochbeet nun mit Erde befüllen & bepflanzen.

PALETTENRAHMENBEET AUF GRAS ODER ERDBODEN

Sollten Sie sich für einen Standort direkt auf Ihrem Erdboden oder dem Rasen entscheiden, können Sie natürlich das Beet genauso bauen wie oben beschrieben. Allerdings können Sie das Beet auch in den Garten integrieren. So können die Pflanzen auch in die tiefer gehenden Erdschichten des Mutterbodens vorstoßen – und das völlig ohne Umgraben. So lohnt sich beispielsweise schon ein einzelner Palettenrahmen, um das Gemüsebeet vom Rasen abzugrenzen. Dadurch werden Sie bereits deutlich weniger Probleme mit Unkraut haben.

Nehmen Sie den ersten Palettenrahmen und stellen Sie ihn auf die Fläche, die Sie für Ihr Hochbeet ausgesucht haben. Wenn Sie viel wurzelndes Unkraut haben, lohnt es sich, eine Rasenkante zu besorgen, um zu verhindern, dass das Unkraut in Ihr Hochbeet wandert. Dazu stechen Sie mit einem Spaten in den Boden, direkt an der Innenseite des Rahmens. Wenn Sie einmal außen rumgekommen sind, stecken Sie die Rasenkante in den offengelegten Spalt.

Nun legen Sie den Boden mit Zeitungspapier oder Pappe aus. Diese ziehen Regenwürmer besonders an. Im Anschluss wird das Beet bereits befüllt.

Wie auch oben lohnt sich bei einer Höhe von zwei bis drei Palettenrahmen die übliche Unterschicht aus Gehölzen und Grasschnitt noch nicht. Hier können Sie Komposterde, gute Pflanzenerde oder frischen Mutterboden direkt einfüllen. Doch mehr dazu später.

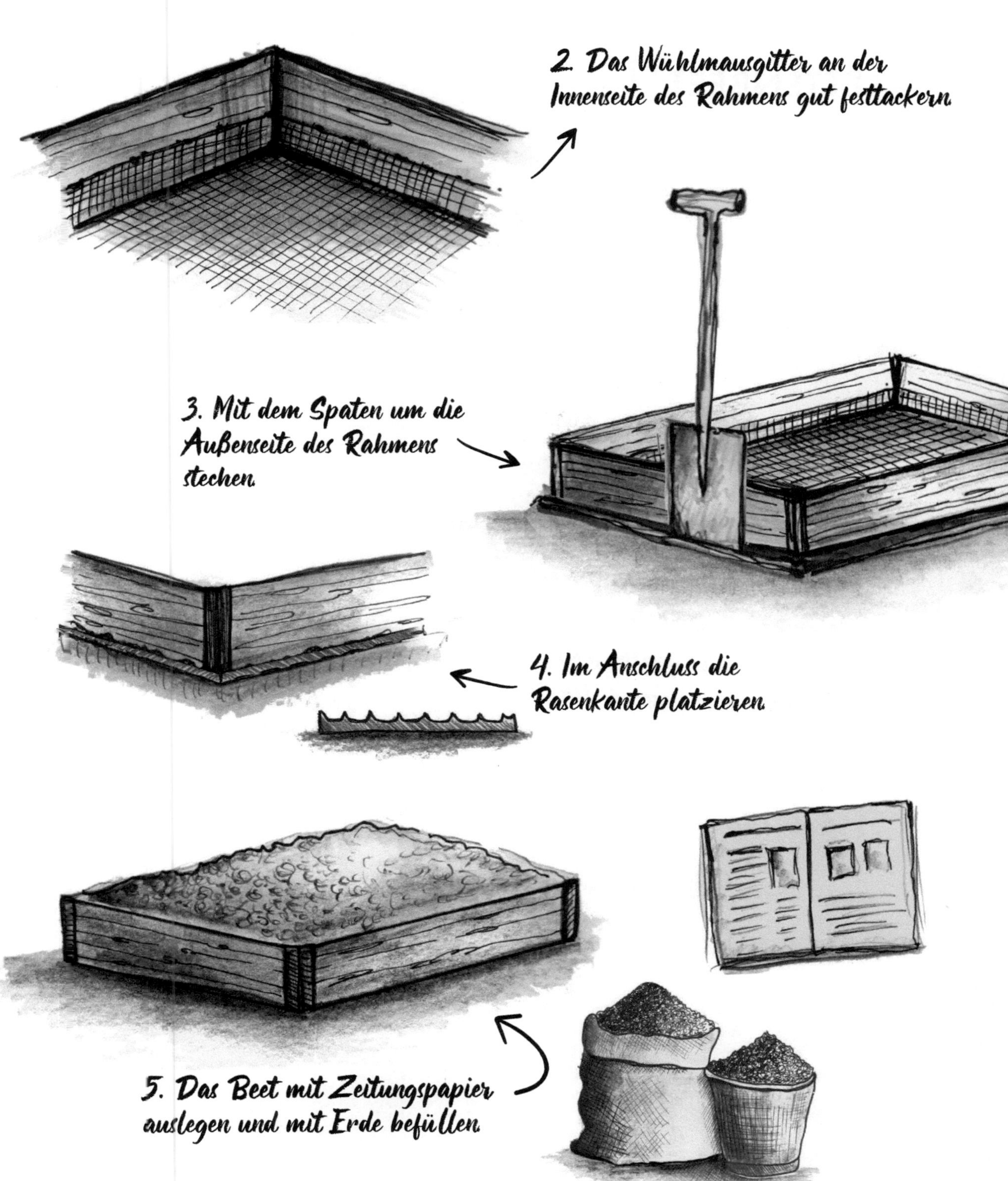
2. Das Wühlmausgitter an der Innenseite des Rahmens gut festtackern.
3. Mit dem Spaten um die Außenseite des Rahmens stechen.
4. Im Anschluss die Rasenkante platzieren.
5. Das Beet mit Zeitungspapier auslegen und mit Erde befüllen.

PALETTENBEET

Legen Sie die erste Palette auf den Boden und nageln oder schrauben Sie zwei der Paletten mit der schmalen Seite hochstehend auf den schmalen Seiten der liegenden Palette fest. Achten Sie darauf, dass die Oberseiten der Paletten, die aus je fünf Brettern bestehen, alle innerhalb der Kompostkiste sind.

Nun stellen Sie diese drei Paletten auf die Bodenpalette der Kompostkiste und schrauben den Rahmen an insgesamt drei bis vier wichtigen Punkten fest. Die fünfte Palette wird an ihrer Unterseite mit der Außenkante einer Seitenwand vernagelt oder -schraubt.

Schritt 1:

Schrauben Sie zwei der Paletten mit der schmalen Seite hochstehend auf den schmalen Seiten der liegenden Palette fest.

Schritt 2:

Drehen Sie die Palette nun um 90 Grad nach vorne.

Schritt 3:

Positionieren Sie nun die vierte Palette in den Zwischenraum unserer 3 Paletten von oben und schrauben den Rahmen an.

Schritt 4:

Die fünfte Palette wird nun an die noch offene Seite geschraubt. Nun können Sie das Palettenbeet mit ausreichend guter Komposterde befüllen und bepflanzen.

INDIVIDUELLES BEET

Wie Sie bereits im Kapitel für die Auswahl der richtigen Größe und Höhe lesen konnten, gibt es keine allgemeingültige Antwort auf diese Fragen. Die Breite legen Sie am besten fest, indem sie prüfen, ob ihr Hochbeet von nur einer Seite oder von beiden Seiten zugänglich ist. Bei einem beidseitigen Zugang empfehlen wir eine Breite von 1,2 Metern. Wenn Sie nur von einer Seite Zugang haben, sollte die Breite maximal 0,8 Meter betragen, sodass Sie auch das komplette Beet bewirtschaften können. Die Höhe ist deutlich individueller und an Ihre Bedürfnisse anpassbar. Entscheidend ist vor allem der Ihnen zur Verfügung stehende Platz. Sollten Sie ausreichend Platz zur Verfügung haben, können Sie durchaus ein Hochbeet in der Länge von drei Metern und mehr bauen.

AUS HOLZ

Wir zeigen Ihnen hier den Bau eines individuellen Beetes aus Holzlatten am Beispiel eines Beetes mit den Grundmaßen 1,2 x 3 Meter und der Höhe von 0,9 Metern. Der Bau anderer Größen ist einfach anpassbar indem Sie die Länge der Längs- und Querlatten an Ihre persönlichen Wünsche anpassen.

MATERIALLISTE

- 6 Holzbretter für die Länge (300 cm* x 30 cm x 3-4 cm)
- 6 Holzbretter für die Breite (120 cm* x 30 cm x 3-4 cm)
- 4 Pfosten (90 cm x 7,5 cm x 7,5 cm)
- 4 Latten** (80 cm x 10 cm x 2,5 cm)
- 80-100 Senkkopfschrauben (Länge 100 mm)
- Akku-Bohrschrauber, Holzbohrer leicht dünner als die Schrauben (z. B. 4,5 mm bei 5 mm Schrauben)

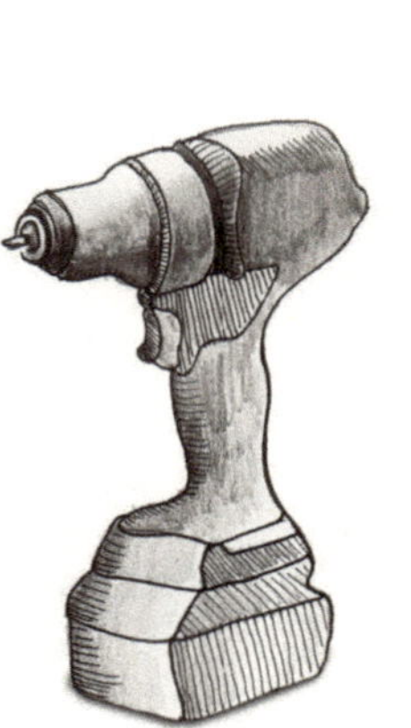

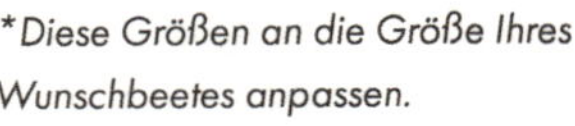

*Diese Größen an die Größe Ihres Wunschbeetes anpassen.

**Ab 2 Metern Länge sollten Sie pro laufendem Meter zwei Latten nutzen (bei 2 Metern Länge zwei Latten, bei 3 Metern Länge vier Latten usw.).

Fangen Sie mit dem Zusammenbau an einem der Pfosten an. Legen Sie den Pfosten auf den Boden und platzieren Sie eines der kurzen Bretter (120 cm) für die Seite so, dass es mit der Unterseite sowie dem Rand des Pfostens abschließt. Bohren Sie so die Löcher für die Schrauben vor und befestigen das Brett von außen mit den Schrauben im Pfosten. Befestigen Sie nun zwei weitere Seitenbretter so am Pfosten. Den Pfosten an der anderen Seite der Bretter können Sie im Anschluss genauso befestigen.

Die beiden Breitseiten sind somit schon fertig. Eine davon können Sie erst mal beiseitelegen. Stellen Sie nun die andere exakt waagerecht auf und stellen Sie ein Längsbrett (300 cm) so an die Kante, dass es mit dieser abschließt. Bohren Sie die Löcher wie oben vor und befestigen Sie das Brett mit den Schrauben im Pfosten. Verfahren Sie so mit einem zweiten Längsbrett, das Sie auf das Bodenbrett stellen können. Im Anschluss wird auch das dritte Längsbrett so befestigt. Im Anschluss können Sie mit der gegenüberliegenden Längsseite genauso verfahren.

Die zweite Breitseite können Sie nun gegenüber der ersten Breitseite am anderen Ende der Längslatten befestigen, sodass sich ein stabiles Rechteck ergibt.

Im Abstand von einem Meter von der Ecke können Sie nun eine der Latten an die Innenseite des Hochbeetes schrauben. Das gibt zusätzliche Stabilität und sollte etwa jeden Meter geschehen.

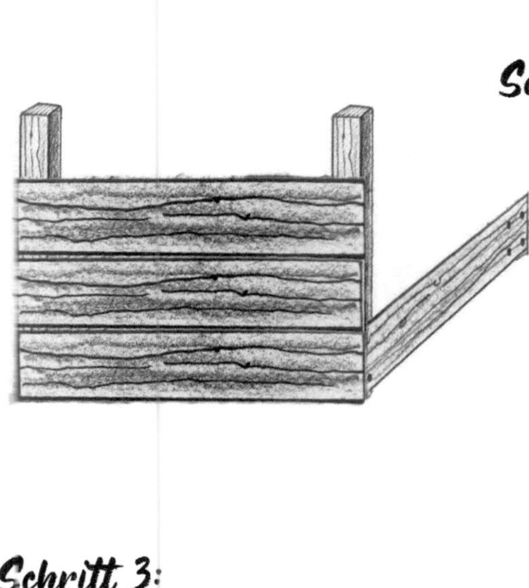

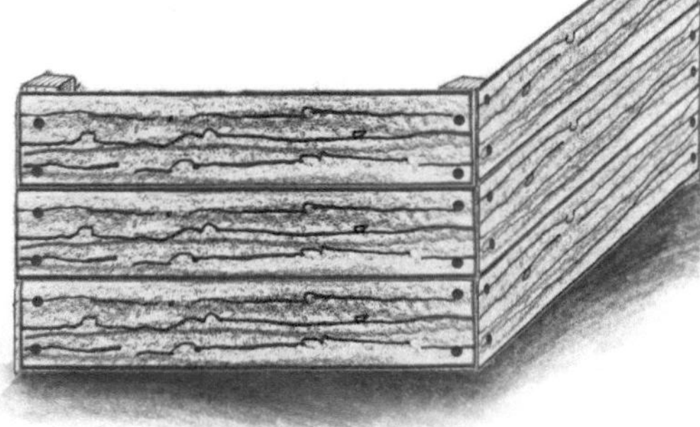

Schritt 3:

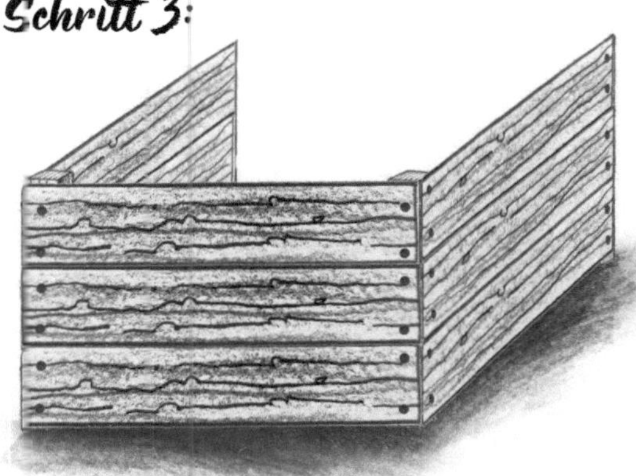

Schritt 4:

AUS ANDEREN MATERIALIEN

Ähnlich wie das Holzbeet können Sie individuelle Größenwünsche auch mit ganz anderen Materialien erledigen. Hier sind die Möglichkeiten so vielfältig, dass es den Rahmen des Buches sprengen würden. Deshalb wollen wir Ihnen hier nur einige kreative Ideen an die Hand geben. Jede davon ist natürlich wieder an die individuellen Größenbedürfnisse Ihres Gartens anpassbar.

DENKBAR WÄREN ZUM BEISPIEL:

- Eine Beetumrandung aus Baumstämmen. Sie benötigen nur zwei etwa gleich lange Stämme für die Seiten und zwei gleichlange Stämme für die Breite. Je nach Dicke der Stämme ergeben sich hier automatisch unterschiedliche Höhen.
- Pflanzsteine und Pflanzringe, um Ihre individuellen Beetwünsche zu realisieren. Größe und Form ist hier völlig nach Ihren Wünschen anpassbar und der große Vorteil: Die Pflanzsteine lassen sich selbst auch bepflanzen.
- Ganz ähnlich wie das Beet aus Holz können Sie auch Gabionen als Begrenzung nutzen. Die Optik ist voll im Trend und bei der Größe sind Sie hier ähnlich flexibel wie beim Holz. Sie sollten aber unbedingt darauf achten, das Beet mit Pflanzfolie oder -vlies auskleiden, damit die Erde nicht in die Steine zwischen den Gabionen rieselt.

PYRAMIDENBEET

Vor allem bekannt durch die Kartoffelpyramide, ist das Pyramidenbeet aber auch sehr gut für den Selbstversorger Garten geeignet. Durch die unterschiedlichen Etagen kann man die Bepflanzung perfekt an die Bedürfnisse der jeweiligen Pflanzen anpassen. So können sonnenliebende Pflanzen auch einen künstlichen Halbschatten für ihre Artgenossen schaffen, die nicht so gut mit praller Sonne auskommen.

SO GEHEN SIE VOR:

1. Sie schrauben die jeweils gleich langen Bretter mit den Schrauben an den Ecken zusammen. Dabei liegt ein Brett auf der Schnittstelle des unteren Bretts und Sie schrauben von außen zwei Schrauben hinein. Verfahren Sie an jeder Ecke ebenso.

2. Damit Sie Ihre Kartoffelpyramide lange nutzen können, schützen Sie das Holz vor zu schneller Verwitterung und streichen Sie die Rahmen satt mit dem Holzschutzmittel an.

3. Nun stellen Sie den größten Rahmen auf das Wühlmausgitter und biegen dieses rundherum nach oben. An der Ecke drücken Sie das Gitter über die Ecke hinaus zusammen und falten es zu einer Seite, um – ähnlich wie bei Papier- und Näharbeiten. Dann alles festnageln oder tackern.

4. Jetzt füllen Sie den ersten Rahmen mit Erde auf und heben dabei gleich die gesiebte Komposterde unter. Drücken Sie die Erde etwas an.

5. Setzen Sie den Rahmen der zweiten Ebene um 45 Grad gedreht mit ihren Ecken auf den Rahmen der ersten Ebene. Dann füllen Sie diesen zweiten Rahmen mit Garten- und Komposterde. Und setzen anschließen den dritten Rahmen auf und Füllen diesen.

6. Sie können Ihre Pyramide jederzeit durch weitere Etagen erhöhen. Fahren Sie einfach in gleicher Weise fort, bis Sie Ihre Wunschhöhe erreicht haben.

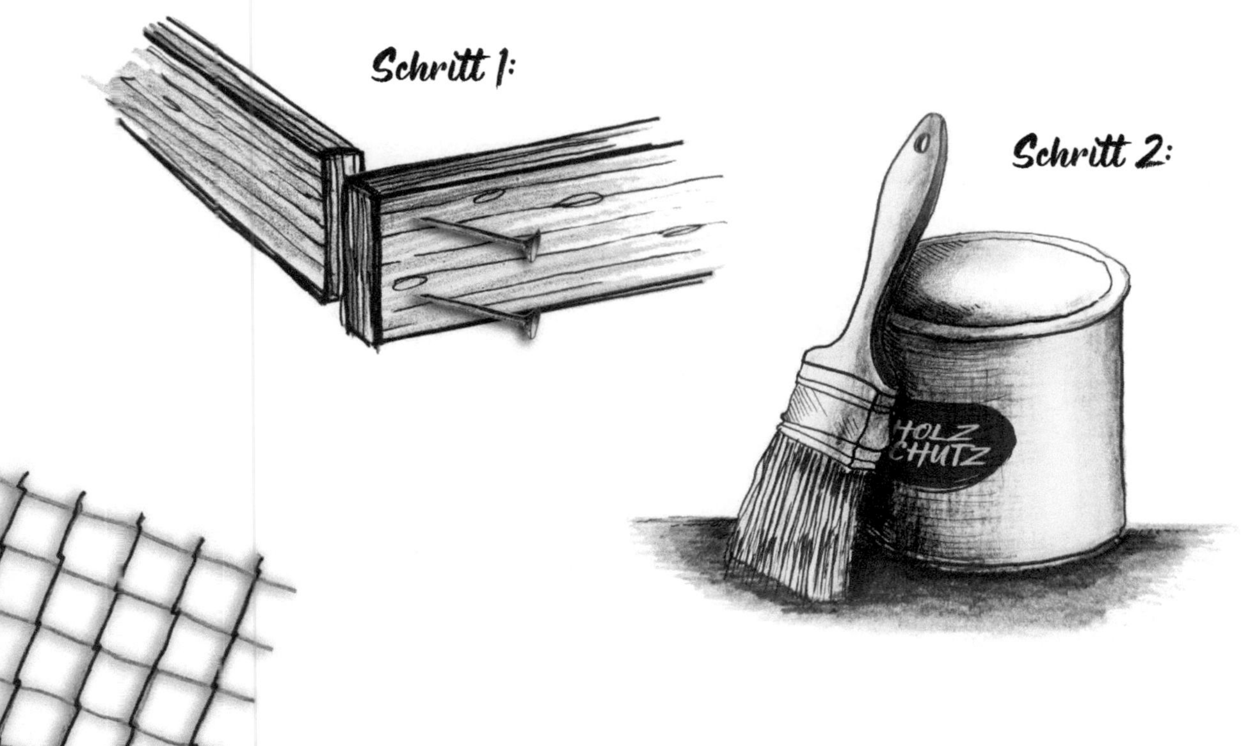

Schritt 3:

Stellen Sie nun den größten Rahmen auf das Wühlmausgitter und befestigen Sie dieses.

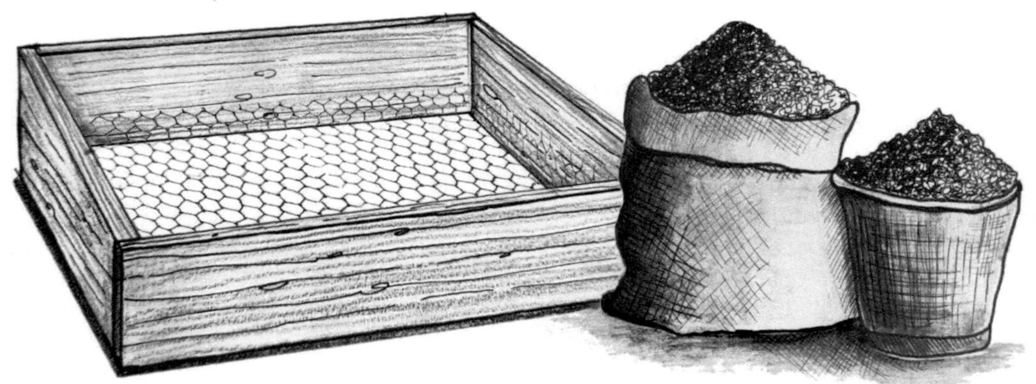

Schritt 4:

Ersten Rahmen mit Erde und Komposterde füllen.

Schritt 5:

Nun setzen Sie den zweitgrößten der 3 Rahmen um 45 Grad gedreht mit ihren Ecken auf den Rahmen der ersten Ebene und füllen diesen mit Komposterde auf. Dann gleiches Verfahren mit dem kleinsten Rahmen..

Schritt 6:

Nun können Sie Ihre Pyramidenbeet nach Herzenlust bepflanzen.

VERTIKALES GÄRTNERN – AUF KLEINSTEM RAUM PFLANZEN UND ERNTEN

Auf kleinerem Raum ist das vertikale Gärtnern im Trend. Vielleicht haben Sie Ihren Garten nur zum Entspannen angelegt, um möglichst wenig körperliche Arbeit damit zu haben. Hätten Sie nicht trotzdem gern etwas frisches Gemüse aus dem eigenen Garten? Wenn ja, dann lässt sich dieser Wunsch auf kleinstem Raum sowohl auf einem Balkon als auch auf einer Terrasse verwirklichen. Der Trick besteht in senkrecht angelegten ‚Beeten'. Vielleicht haben Sie die BUGA (Bundesgartenschau) in Erfurt im TV verfolgt oder vor Ort besucht. Das vertikale Gärtnern war dort ein großes Thema - und das zu Recht! Die vertikalen Beete können nicht nur auf Terrasse und Balkon angelegt werden, sondern auch beispielsweise im Garten als Raumteiler oder Sichtschutz dienen. Viele Großraumbüros holen sich entsprechende Gestelle für die senkrechte Grünzone als Raumtrenner in die Büros. Das ist eine Win-Win-Situation für Mensch und Pflanze. Die Menschen erhalten frischen Sauerstoff sowie Natur am Arbeitsplatz, Kräuter, Gemüse und Obst zum Naschen oder Kochen im Büro und zudem etwas Grün, das die Augen erfreut. Die Pflanzen verarbeiten das berüchtigte CO2, das die Mitarbeiter ausatmen, und gedeihen prächtig.

Wer über eine Terrasse oder einen Balkon verfügt, kann sich mit einer Europalette zusätzliche Pflanzmöglichkeiten auf kleinstem Raum schaffen. Jede Europalette bietet auf der Unterseite die Zwischenräume zwischen den drei Bodenbrettern und der Ladefläche Raum für Pflanzkästen an. Damit Sie nicht permanent an die alte Palette erinnert werden, sollten Sie die oben genannten Vorarbeiten durchführen und Ihre Palette in Ihren Lieblingsfarben anstreichen. Ihrer Fantasie sind hier keine Grenzen gesetzt. Vielleicht streichen Sie die Palette hellgrün an und malen bunte Blumen darauf, damit verstärken Sie den grünen Gesamteindruck. Minimalisten und Liebhaber des Industriedesigns greifen vielleicht lieber zu schwarzer Farbe, wodurch die einzelnen grünen Kräuter und Blumen besser zur Geltung kommen – allerdings zieht Schwarz stets die Wärme an, die den Pflanzen schaden kann.

MATERIALLISTE

- Handschleifmaschine bzw. Schmirgelpapier
- Eine Europalette
- Holzschutz oder Wetterfarbe und Pinsel
- Drei 120 cm lange und circa 12 cm breite alte oder neue Bretter (messen Sie die exakte Breite bitte an Ihrer Palette aus)
- Akkuschrauber
- Circa 3–5 cm lange Schrauben
- Unterbodengewebe (Menge vorher berechnen)
- Tacker oder Hammer und Breitkopfnägel
- Gute Pflanz- oder Komposterde
- Eine Handschaufel
- Eine kleine Gießkanne mit Wasser
- Die Pflanzen, die Sie einsetzen möchten

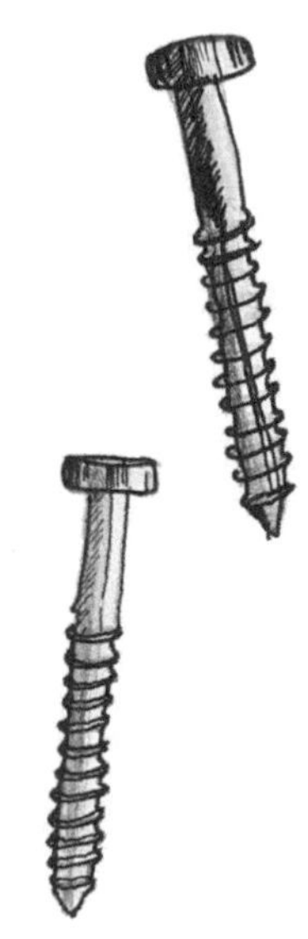

Für den Umbau der Palette zu einem schmalen Hochbeet stellen Sie die Europalette auf eine ihrer Längsseiten mit der Unterseite nach vorn. In dieser Stellung schließen Sie von einer Seite die Zwischenräume zwischen den drei längs verlaufenden Bodenbrettern und der Oberseite der Palette, indem Sie an allen drei Zwischenräumen jeweils ein Brett anschrauben. Welches die Unterseite sein soll, entscheiden Sie selbst. Zur Montage der Bretter sollte die gewählte Unterseite oben sein. Standfüße: An der Kante, die später die Standseite sein soll, schrauben Sie drei gleich große schmale Bretter im rechten Winkel zur Palette an die drei Zwischenblöcke. Diese Bretter sollten alle gleichmäßig zu beiden Seiten der Palette etwas überstehen, damit Ihr Hochbeet später nicht bei jedem Windstoß umfällt und stets senkrecht steht.

Anschließend drehen Sie die Palette um, sodass Sie die jetzt vorhandenen Pflanzkästen bearbeiten können. Dafür schneiden Sie die Teichfolie oder Plane zurecht, um die Kästen auszukleiden. Schneiden Sie großzügig, denn die Folie sollte leicht über die Kante reichen und dort befestigt werden. Die überhängenden Pflanzenzweige und Blätter verdecken den Folienrand später. Nun befüllen Sie die drei Kästen mit einer Drainageschicht aus kleinen Kieselsteinen oder Blähton. In dieser kann sich überschüssiges Gießwasser sammeln, sodass die Wurzeln nicht verfaulen. Die Pflanzen holen sich das Wasser, wenn sie es benötigen. Befüllen Sie anschließend die Kästen bis zum Rand mit guter Pflanz- oder Komposterde und setzen Sie anschließend die Pflanzen mit mindestens 5 cm Abstand zueinander ein. Für eine Aussaat ziehen Sie mit einem Finger oder dem Stiel eines Teelöffels mehrere Reihen längs zum Kasten und geben die Saatkörner einzeln in die Vertiefung. Zum Schluss drücken Sie etwas Erde leicht auf den Reihen an, um die Saat abzudecken und gießen mit etwas Wasser. Aber Achtung: Lesen Sie Angaben auf den Saat-Tüten gut durch, denn manche Pflanzen sind sogenannte ‚Lichtkeimer'. Sie dürfen nicht oder nur ganz leicht abgedeckt werden.

Diese Art des Hochbeets eignet sich besonders gut für einen kleinen Kräuter- und Küchengarten.

Hier können Sie Rosmarin, Pflücksalat, Petersilie, Radieschen, Schnittlauch und Kresse, Majoran, Thymian und Basilikum den ganzen Sommer über frisch ernten. Kapuzinerkresse, die auch essbar ist, bringt etwas mehr Farbe ins Spiel, wenn Sie sie in die Zwischenräume setzen. Zudem wird sie bald über die Ränder ranken, sodass von der Folie nichts mehr zu sehen ist.

1. Die gewählte Unterseite der Palette sollte zur Montage der Bretter oben sein.

2. Schrauben Sie an alle 3 Zwischenräume ein Brett.

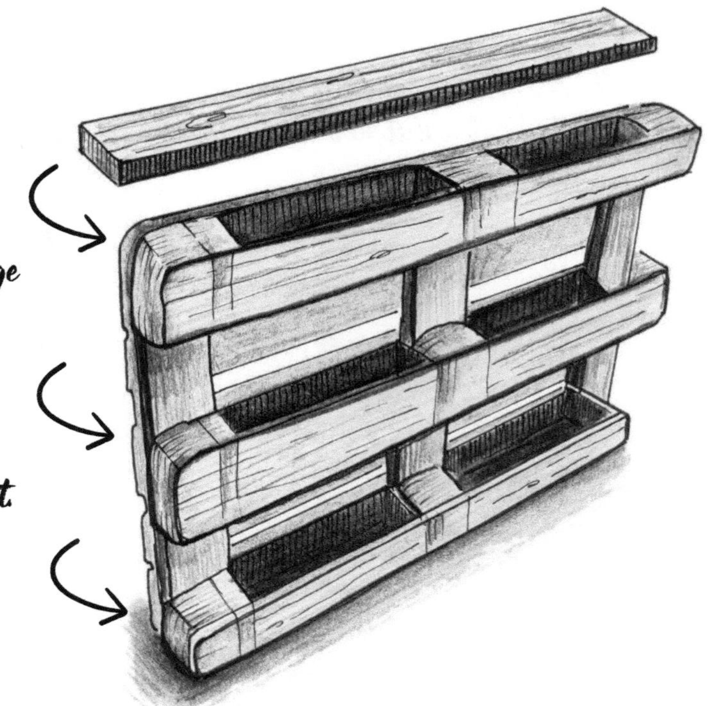

3. Schrauben Sie drei gleich große schmale Bretter im rechten Winkel zur Palette an die drei Zwischenblöcke.

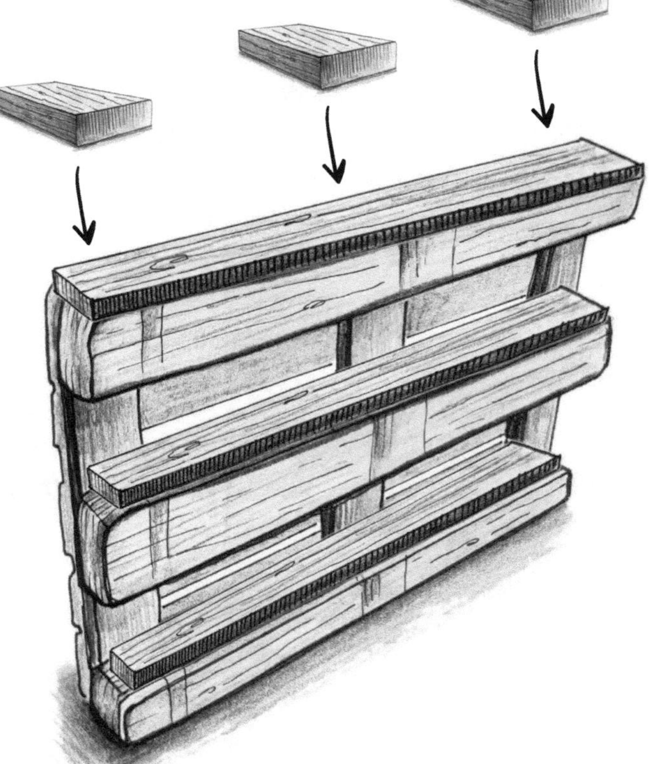

4. Die Palette drehen und nun die Kästen mit der Teichfolie auskleiden.

5. Befüllen Sie die Kästen nun mit einer Drainageschicht aus kleinen Kieselsteinen oder Blähton.

Bitte bedenken Sie, dass sowohl Teichfolie als auch die herkömmliche Gewebeplane wasser- und luftundurchlässig sind. Das bedeutet, dass bei Regen auch mit Drainage Staunässe in den Kästen entsteht, die zu Wurzelfäule führen kann. Besser eignet sich deshalb das sogenannte Unterbodengewebe zum Auskleiden von Pflanzkästen. So kann überschüssiges Wasser langsam entweichen und die Wurzeln der Pflanzen bekommen auch von unten etwas Luft.

6. Das Kräuterbeet kann nun mit Erde befüllt & bepflanzt werden.

Die Pflanzerde sollte – wie bei allen Blumenkästen – regelmäßig saisonal ausgetauscht werden.

FRÜHBEETE

Um die genannten Beete als Frühbeet umzubauen Bedarf es nicht viel. Im Endeffekt muss etwas Lichtdurchlässiges her, das das Beet vollständig abdecken kann. Das kann ein altes Fenster sein, Plexiglasscheiben, Frühbeetfolie oder -vlies, für das Sie einen passenden Rahmen zusammennageln. Für flexiblere Lösungen können Sie für die Folie auch ein temporäres Gerüst aus Zweigen bauen. Für beide zuletzt genannten Alternativen haben wir hier eine kleine Anleitung.

FRÜHBEETAUFSATZ-RAHMEN FÜR FOLIE ODER VLIES

Die Abmessungen müssen Sie eventuell an Ihre Beetgröße anpassen. Wir beziehen uns hier auf die Größe des Beetes aus Palettenrahmen.

MATERIALLISTE

- zwei Kanthölzer der Länge 120 cm
- zwei Kanthölzer der Länge 75 cm
- reichlich Frühbeetfolie (die Löcher hat)
- Nägel oder Schrauben
- Tacker
- Scharnier oder schwere Steine

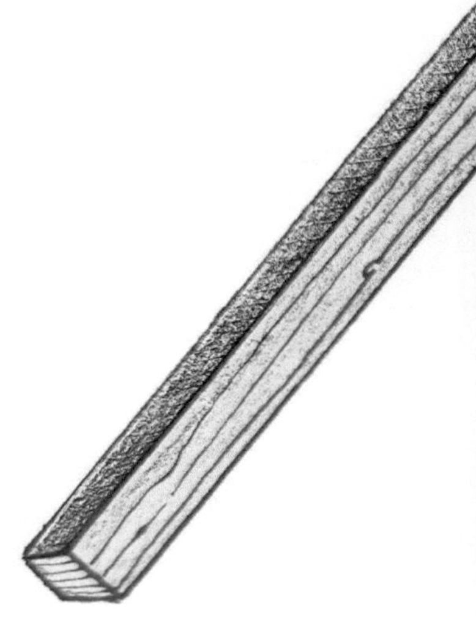

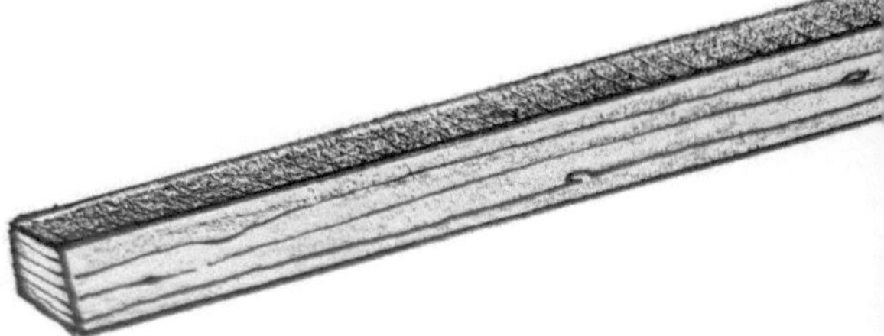

Legen Sie die beiden Kanthölzer mit den Maßen 120 cm parallel nebeneinander. Am Kopf- bzw. dem Fußende kommen die Kanthölzer mit der Länge 75 cm dazwischen. Diese werden nun entweder zusammengeschraubt oder genagelt.

Im Anschluss schneiden Sie die Frühbeetfolie zurecht. 125 cm in der Länge und 85 cm in der Breite sollten ausreichend sein, um genug Puffer zu haben. Legen Sie die Folie auf den Rahmen und Tackern Sie diese an den Rahmen. Damit es am Ende gut hält, sollten Sie den Tacker etwa alle 5-10 cm ansetzen.

Den Rahmen können Sie nun einfach auf das Beet aufsetzen und an den Ecken mit schweren Steinen fixieren. Wenn Sie den Frühbeetaufsatz dauerhaft verwenden wollen, lohnt es sich eventuell auch auf einer Seite ein Scharnier einzubauen.

Schritt 1:
Die Bretter zu einem Rahmen verschrauben.

Schritt 2:
Die Folie an der Unterseite des gerade erstellten Rahmens festtackern.

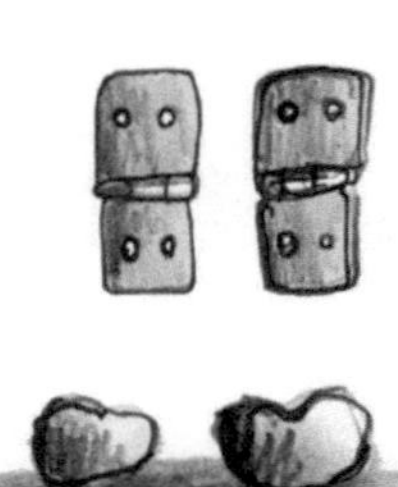

Schritt 3:
Den Rahmen auf das Beet aufsetzen und mit Steinen fixieren. Alternativ können Sie auch auf einer Seite Scharniere einbauen.

FRÜHBEETAUFSATZ-RAHMEN FÜR FOLIE ODER VLIES

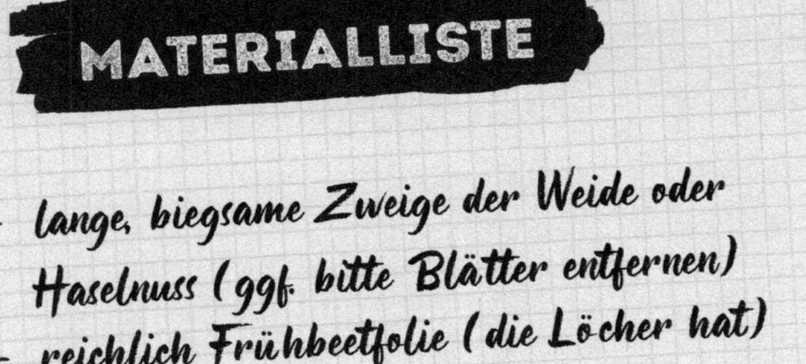

Biegen Sie die langen Stecken/Zweige wie einen Tunnel in einer Reihe hintereinander über das Beet und stecken sie bis auf den Boden der Palette in die Erde. Darüber spannen Sie die Frühbeetfolie und fixieren diese mit den kleinen schweren Steinen oder Sie stechen die Enden der Zweige durch die Folie. Das hält in der Regel auch.

Sollten Sie nicht viele Zweige haben, reichen im Zweifelsfall auch genau vier gleich lange Stecken.

Diese biegen Sie paarweise über Kreuz zu einem ‚Gewölbe' und fixieren den Kreuzpunkt mit etwas Bindfaden, Bast oder Binsen. Es sollten zwei dieser ‚Gewölbe' in das Palettenbeet passen. Über jedes dieser ‚Gewölbe' spannen Sie abschließend die Frühbeetfolie und fixieren diese ebenfalls. Auf diese Weise können Sie auf zwei kleinere Arbeitsbereiche zugreifen, wenn Sie die Pflänzchen verziehen. Sie müssen nicht immer das gesamte Frühbeet abdecken, um zu jäten oder neu auszusäen.

AUFSTELLEN UND BEFÜLLEN

DIE RICHTIGE FÜLLUNG

Konnten Sie sich bereits für ein Hochbeet entscheiden, das Sie gern in Ihrem Garten bauen würden? Haben Sie die gewünschte und benötigte Höhe für die Seitenwände sowie das Baumaterial (oder das umzufunktionierende Material) für Ihr neues Hochbeet ausgewählt? Wir erklären Ihnen hier den Aufbau des Innenlebens Ihres Hochbeets und verraten ein paar Tipps und Tricks. Es ist wichtig, dass Sie nicht nur einen ertragreichen Boden haben, sondern außerdem innerhalb des Hochbeetes für genügend Wärme sorgen und schließlich derart geschickt gärtnern, dass die Erde nie ganz ausgewechselt werden muss. Sie frischen sie lediglich jedes Jahr neu auf. Mit einem funktionierenden Hochbeet wird das Gärtnern kinderleicht.

VORBEREITENDE ARBEITEN: SAMMELN SIE GARTENABFÄLLE UND KOMPOST

Sie können bereits ab sofort mit den Vorbereitungen für Ihr Hochbeet beginnen, indem Sie abgeschnittene Zweige und Äste sowie alles Laub aus dem Garten nicht mehr entsorgen, sondern sammeln. Je mehr, desto besser. Ein Teil davon kann zerkleinert werden, sodass sich auch Lücken füllen – doch Sie sollten für den optimalen Fäulnisprozess nicht alles zerkleinern! Im Gegenteil, denn die groben Gartenabfälle sind wichtig für einen lockeren Boden in Ihrem Hochbeet.

Mit dem Aufschichten im Hochbeet beginnen Sie am besten im Herbst nach dem letzten Rasenmähen. Den Rasenschnitt sollten Sie schon übers ganze Jahr sammeln. Aber Vorsicht: Wird der Grasschnitt feucht eingefüllt, kann er sich selbst entzünden. Sauerstoff und Feuchtigkeit erhöhen den Fäulnisprozess des Rasens und ermöglichen, dass der Rasenschnitt sich plötzlich selbst entzündet und richtig brennt. Dies kann auch in einer geschlossenen Komposttonne passieren. Besser also den Rasen in der Sonne trocknen lassen und später als Heu abharken oder den Rasenschnitt aus dem Auffangkorb auf warmen Steinplatten in der Sonne ausbreiten und trocken lassen.

Aber Achtung beim Sammeln der ‚Zutaten': Nicht alle Gartenabfälle eignen sich für das Hochbeet. Vermeiden Sie alle Schlingpflanzenreste wie die Zweige von Efeu oder Knöterich. Diese Pflanzen sind hartnäckig und schlagen neu aus. Am Ende ist Ihr Gemüsebeet von deren Ausläufern durchwuchert. Weiterhin sind alle Nadelgehölze und Zweige von Thujen ungeeignet. Auch zusammengefegtes Nadellaub sollte nicht ins Hochbeet oder in den Kompost. Alle Nadelgehölze sorgen dafür, dass der Boden zu sauer wird. Unter den Blattlaub-Arten gilt das Nusslaub als ein Wachstumshemmer für andere Pflanzen, den Sie auch nicht in Ihrer Hochbeeterde haben möchten.

- **dicke und dünne Äste und Zweige von Baum- und Strauchschnitt,**
- **trockenen Rasenschnitt** (Heu) **und gemischte Gartenabfälle wie Gemüsereste und Unkraut** (beides ohne Samen!),
- **alte Erde von Kübelpflanzen, aus Blumentöpfen oder Balkonkästen,**
- **Komposterde, die ein Jahr geruht hat und sofern vorhanden Pferde- oder Rindermist,**
- **Laub,**
- **ganz viel gute, torffreie Bio-Erde.**

Achten Sie darauf, dass alle Materialien, die Sie ins Hochbeet geben, biologischen Ursprungs und biologisch abbaubar sind. Das bedeutet, dass Sie keine Pflanzenreste für den Aufbau der Erde verwenden sollten, die eventuell mit Pflanzenschutzmitteln gespritzt oder mit künstlichem Dünger gedüngt wurden. Alle Pflanzenreste sind also völlig natürlich belassen.

DER AUFBAU DES HOCHBEETS IST VON INNEN WICHTIGER ALS VON AUSSEN

Natürlich soll Ihr Hochbeet auch schön aussehen und stabil sein, dennoch ist das Innenleben für das erfolgreiche Gärtnern mit Gemüse entscheidend. Beginnen Sie mit dem Aufbau im Sommer, damit bis zum Herbst alles steht. Idealerweise beginnen Sie erst im Herbst mit der Füllung des Hochbeetes. So kann über Winter der Fäulnisprozess einsetzen und die Schichten können sich setzen. Die Lagen werden, wenn Sie das Beet bis zum Rand gefüllt haben, um ein gutes Drittel oder mehr zusammenfallen. Im Frühjahr füllen Sie nur noch die frische Bio-Erde auf und können dann direkt mit dem Bepflanzen beginnen.

Wer keine Geduld hat, kann das Hochbeet auch im Frühjahr wie unten beschrieben anlegen. Dafür müssen Sie aber jede Schicht einzeln verdichten. Das gelingt nur, wenn Sie und im besten Fall einige Helfer nach jeder Schicht ins Hochbeet klettern und alles festtreten, bis die Lage wirklich komprimiert ist. Der Nachteil, den Sie hierbei haben, ist, dass die Erde im Hochbeet noch keine Fäulniswärme entwickeln konnte, wenn Sie es im Frühjahr anlegen und direkt anschließend bepflanzen. Unsere Beschreibung beginnt deshalb im Sommer.

DIE WICHTIGSTEN ‚UNTERBAUTEN'

Egal für welches Material Sie sich entschieden haben, der Rahmen muss in jedem Falle zuerst aufgebaut werden. Wer sich dafür entscheidet, das Hochbeet im Garten direkt auf der Erde aufzubauen, sollte zum Schutz der Holzwände unter ihnen Steine, Platten oder eine Kiesschicht anlegen. Direkt auf der Erde würde das Rahmenholz durch den Bodenkontakt im Laufe der Zeit vergammeln. Sorgen Sie besser vor! Manche Gärtner stellen Ihr Hochbeet direkt auf eine gepflasterte Fläche. Allerdings läuft dort überschüssiges Wasser dann nicht direkt in die Erde, sondern zu den Seiten weg, was ebenfalls zur gefürchteten Schimmelbildung führt.

Ein Hochbeet hat voll befüllt ein beachtliches Gewicht. Deshalb sollten Sie die sehr großen hier beschriebenen Formen nicht auf Balkon oder Dachterrasse bauen – dabei soll es schon zu Einstürzen gekommen sein. Kleinere Exemplare sowie Kübel und Töpfe sind natürlich sehr gerne auf dem Balkon gesehen. Eine Tomate zum Beispiel freut sich über den Schutz vor Regen und der prallen Mittagssonne am Rande eines Balkons oder eines Carports.

Der nächste Schritt bei einem Aufbau auf Pflastersteinen, Kies oder Beton ist der Einbau des Wühlmausgitters. Sie breiten es unten im Hochbeet auf dem Boden aus und biegen es zu den Seitenwänden hin sowie in alle Ecken hoch. Achten Sie auf Überlappungen der einzelnen Gitterbahnen. Legen Sie zur Sicherheit einige schwere Steine auf die überlappenden Gitterbahnen oder verbinden sie die Bahnen mit Klemmen oder etwas Draht. Das Gitter dann einfach an den Innenrand tackern, schrauben oder nageln. Achten Sie darauf, dass wirklich keine Maus mehr zwischen Gitter und Innenwand hindurch passt. Bedenken Sie dabei, dass Sie im Falle von Mäusen im Hochbeet die gesamte Erde ausräumen, die fehlerhaften Stellen ausbessern und anschließend alles neu anlegen müssen. Sollten Sie ein sehr niedriges Hochbeet direkt auf Mutterboden oder dem Rasen angelegt haben, können Sie das Wühlmausgitter auch weglassen, da es sonst einige der Pflanzen in ihrem Wachstum nach unten hin einschränkt.

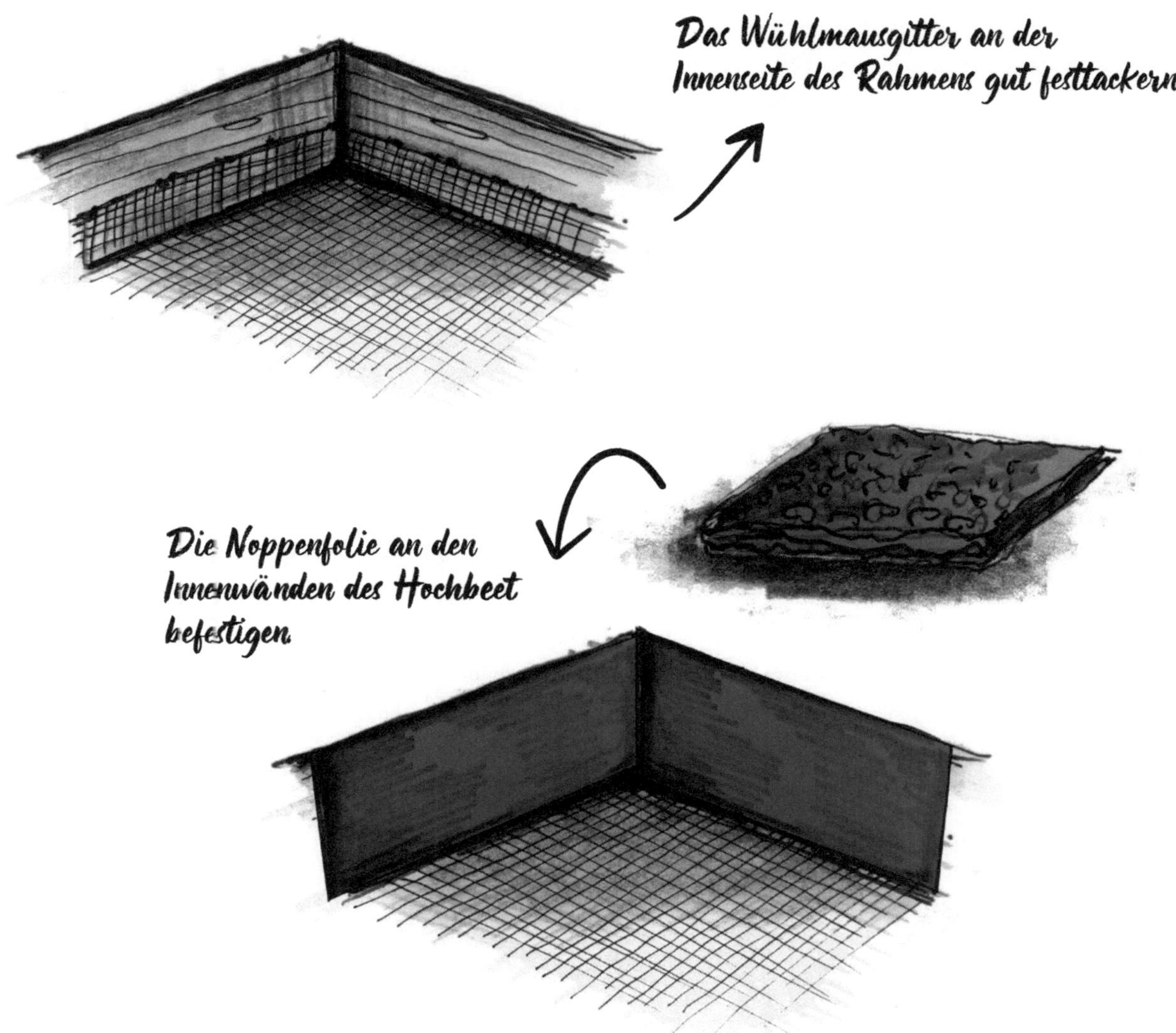

Im folgenden Schritt wird – insbesondere bei Holzrahmen – der Innenschutz vor Feuchtigkeit und Schimmelbildung vorgenommen. Der Rahmen soll ja möglichst lange halten. Ein Anstrich mit Holzschutz ist bei einem Hochbeet für alle Holzarten mindestens an den Innenseiten zu empfehlen. Auf diesen Innenwänden befestigen Sie dann die spezielle Noppenfolie für Hochbeete aus ‚Polyethylen mit hoher Dichte' (PEHD), die frei von Weichmachern sein muss. Diese Folie ist in der Regel schwarz, leider recht unhandlich und keineswegs mit Luftpolsterfolie zu verwechseln, die gelegentlich auch Noppenfolie genannt wird.

Die Folie befestigen Sie nun entlang der Innenwände vom Rand des Hochbeets bis hinunter auf den Boden, sodass die feuchte Erde keinen Kontakt zu den Holzwänden bekommt. Die ausgestülpten Noppen der PEHD sind dabei zu den Innenwänden hin auszurichten. Sie sollen dafür sorgen, dass trotz der Folie noch Luft an das Holz kommt und eine Schimmelbildung verhindert wird. Sie können die Folie meistens nicht tackern oder nageln, sodass Sie schrauben müssen. Hinzu kommt, dass die sogenannte ‚hohe Dichte', also die Festigkeit der Folie, leider beim Anbringen oft durch Nägel und Schrauben einreißt. Ein kurzes Vorbohren verhindert dies. Zudem helfen Unterlegscheiben, die Risse abzudecken und dem Schraubenkopf eine stabilere Auflage und damit mehr Halt zu geben. Für einen schöneren Rand – und zum Schutz der Zwischenräume zwischen PEHD und Holz schrauben Sie rundherum einige Bretter quer als Handlauf oder Abschlusskante auf die Seitenwände. So haben Sie beim Gärtnern einen kleinen Ablagerand, verhindern die Verletzungsgefahr an der Folienkante und können sich notfalls auch mal aufstützen. Hier kann das Hochbeet auch im Nachhinein wunderbar mit Balkonkästen erweitert werden.

DIE FÜLLUNG

Ist all dies geschafft, kann das Hochbeet sein Innenleben erhalten. Lassen Sie sich dafür ruhig einige Tage Zeit, denn ein Hochbeet wird langsam aufgebaut und die Schichten sollten anschließend immer gemeinsam einige Zeit ruhen. Wir gehen von einem Hochbeet mit einer Höhe von etwa 85 cm aus. Das ist ungefähr 10 cm höher als ein Schreibtisch und eine angenehme Höhe zum Gärtnern im Stehen. Für Hochbeete, die niedriger oder höher werden sollen, müssen Sie einfach unsere Angaben für die Schichthöhen etwas reduzieren oder erhöhen.

Die unterste Schicht bilden möglichst viele dickeren Äste und Zweige, die Sie bis in alle Ecken ausbreiten. Diese Schicht können Sie bis zur Hälfte des Hochbeets hoch anlegen. Ideal wären beispielsweise Hecken-, Obstbaum- und Strauchschnittreste. Vermeiden Sie Wurzelreste, da diese neu austreiben könnten. Schnittreste von großen und hohen Stauden hingegen eignen sich für die unterste Schicht – aber entfernen Sie die Blüten und Samen vorher.

Diese erste Schicht sorgt im fertigen Hochbeet zunächst für Luftzirkulation von unten. Im Laufe der Zeit wird sie automatisch in sich zusammensacken. Das in der Regel frisch geschnittene Holz hat einen langsamen Fäulnisprozess, der über einen längeren Zeitraum gute Wärme liefert.

Auf diese Schicht folgt die zweite Schicht, die ungefähr 15-20 cm hoch sein sollte. Hinein kommen nun die dünneren Zweige und das Reisig sowie der trockene Rasen- oder Grasschnitt (Heu), den Sie übers Jahr gesammelt haben. Vermischen Sie das Heu mit der alten Erde aus Kübeln oder Blumenkästen und etwas Komposterde. Dann kann kein Schimmel entstehen. Wer nicht so viel Rasenschnitt hat, kann sich hier mit anderen Materialien behelfen. Dazu gehören Waldhackgut oder Holzhäcksel (vom lokalen Förster), Stroh, Komposterde vom Bauhof (die ist gratis erhältlich!). Sie können auch einfach mehr Pferdemist verwenden.

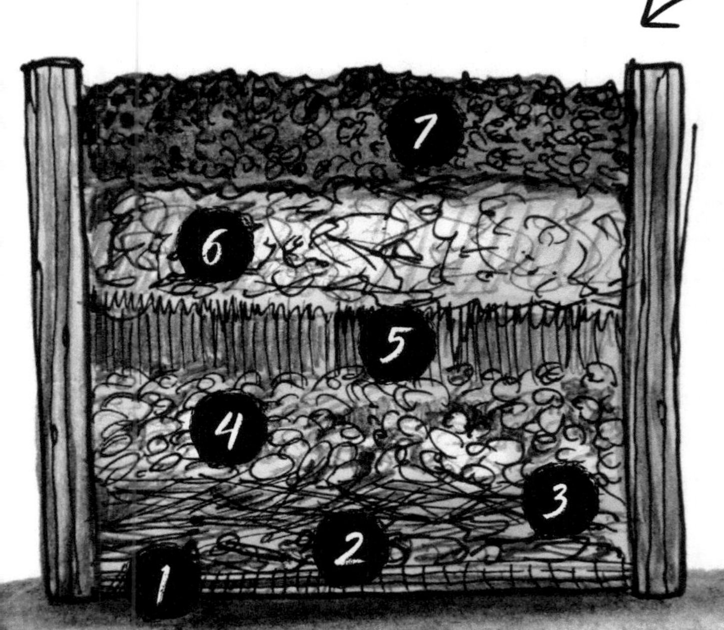

Querschnitt Füllung

1. Wühlmausgitter
2. Grobe Äste
3. Kleinere Zweige
4. Laub
5. Grasoden
6. Kompost
7. Gute Komposterde

Wenn Sie dies berücksichtigen, werden Ihre Gemüsepflanzen oder Blumen alle wunderbar natürlich und gesund gedeihen.

Die dritte Schicht sollte circa 10 cm hoch sein und aus Komposterde bestehen, die ein Jahr geruht hat. Es ist also sinnvoll, dass Sie bereits ein funktionierendes Kompostsystem mit zwei Komposthaufen haben. Wenn Sie die Möglichkeit haben, echten Pferde- oder Rindermist zu bekommen, kann diese hier beigemischt werden. Professionelle Gärtner gaben uns den Tipp, dass Pferdedung für alles Blattgemüse zu verwenden sein und Rinderdung allen Obstpflanzen, -sträucher und -bäume zu einer guten Ernte verhilft. Letzteres können wir bestätigen! Wie Sie einen Komposthaufen anlegen können, erfahren Sie im nächsten Abschnitt. Wenn Sie keinen eigenen Kompost haben oder haben wollen, ist das auch kein großes Problem. Wie Sie Ihre benötigte Komposterde möglichst kostengünstig besorgen können, verraten wir Ihnen etwas weiter hinten im Buch.

Unsere vierte Lage besteht aus einer 20 cm hohen Laubschicht. Das Laub kann feucht sein, denn die oberste Schicht wird über Winter ohnehin Feuchtigkeit abbekommen.

Nun sollte das Hochbeet bis zum Frühling ruhen. Die Komponenten werden deutlich gesackt sein, deshalb geht das schichtweise Befüllen in zweite Runde – jetzt in umgekehrter Reihenfolge. Je nachdem wie tief Ihre Füllung aus dem Herbst abgesunken ist, ist jede Schicht etwa 5-10 cm hoch. Sie füllen daher zuerst das restliche Gartenlaub auf, das Sie gerade im Frühling zusammengeharkt haben. Dann ergänzen Sie – sofern vorhanden – etwas Pferdemist, darauf folgt Rasenschnitt vermischt mit Komposterde. Zum Abschluss endlich die gute Fertigkompost-Erde. Die beste und günstigste Möglichkeit, an guten Fertigkompost zu kommen, ist das Kompostwerk. Suchen Sie doch mal im Internet nach dem nächsten Kompostwerk in Ihrer Nähe. Hier erhalten Sie den Kubikmeter, also 1.000 Liter, Fertigkompost zu fairen Preisen zwischen 25 und 40 Euro. Das ist um ein Vielfaches günstiger als die in Plastik verpackten 60 Liter Säcke im Baumarkt. Falls Sie sich fragen, wie Sie den Kompost abholen sollen, am besten eignet sich natürlich ein Anhänger. Sollten Sie keinen eigenen haben, können Sie diesen auch von einem Bekannten leihen. Viele Baumärkte bieten auch die Möglichkeit sich einen Anhänger für günstige Preise für ein paar Stunden auszuleihen. Sollte Sie niemanden mit einer Anhängerkupplung oder Anhänger kennen, haben wir noch einen zusätzlichen Typ für Sie, den wir selbst schon mehrfach genutzt haben: Kaufen Sie sich eine große Gewebeplane, z. B. 3 x 4 Meter. Mit dieser können Sie Ihren Kofferraum komplett auskleiden und den Kompost direkt in den Kofferraum schaufeln. Achten Sie darauf, eine möglichst reißfeste Plane zu nutzen und diese nicht mit scharfen Gegenständen zu beschädigen, ansonsten haben Sie danach viel Komposterde im Auto.

Die gute Qualität der Erde können wir nicht genug betonen, denn in günstigen Angeboten befinden sich oft Unkrautsamen sowie die Eier verschiedener Schädlinge wie beispielsweise Schnecken. Diese Schädlinge und

Krankheitskeime könnten Ihre Pflanzen befallen und Ihre Ernte vernichten. Hier einfach die eigene Gartenerde aus dem Gartenbeet zu verwenden, ist nicht ratsam. Diese ist oft ausgelaugt und kann ebenfalls die genannten Schädlinge enthalten, welche aus dem Hochbeet nur wieder wegzubekommen sind, wenn Sie alles entfernen und es Schicht für Schicht komplett neu aufbauen.

Wenn Sie ein sehr niedriges Hochbeet nutzen wollen, wie zum Beispiel ein Palettenrahmenbeet aus nur einem Rahmen, können Sie das komplette Beet mit Komposterde füllen. Gleiches gilt für Kübel, Eimer und Balkonkästen, die Sie für den Gemüseanbau nutzen wollen.

EIGENEN KOMPOSTHAUFEN ANLEGEN

Wenn Sie sich einen neuen Komposthaufen anlegen wollen, empfehlen wir als schnelle Art einen Komposthaufen aus Paletten. Dieser wird fast genauso wie das weiter vorne genannte Palettenbeet. Gehen Sie genauso vor bis einschließlich des Schrittes, an dem die Bodenpalette befestigt wird. Einzig die fünfte und letzte Palette wird für den Kompost nicht fest mit den anderen verschraubt. oder erhöhen.

Stattdessen dient diese als Vorderwand oder Tür. Sie wird an ihrer Unterseite durch zwei oder drei Scharniere mit der Außenkante einer Seitenwand verbunden. Durch diese Tür haben Sie immer Zugriff und können den Kompost später entnehmen oder bei Bedarf versetzen. Wer mag, kann noch einen kleinen Haken oder Riegel anbringen, damit die Tür nicht durch den Kompost oder irgendwelche Tiere aufgedrückt werden kann.

MATERIALLISTE

- Fünf Holzpaletten, die sogenannten Euro-Paletten – diese sind genormt und daher alle gleich groß
- Hammer und passende Nägel
- Zwei bis drei rostfreie Scharniere
- Passende Schrauben
- Akkuschrauber oder Schraubendreher

Schritt 1:

Schrauben Sie zwei der Paletten mit der schmalen Seite hochstehend auf den schmalen Seiten der liegenden Palette fest.

Schritt 2:

Drehen Sie die Palette nun um 90 Grad nach vorne.

Schritt 3:

Positionieren Sie nun die vierte Palette in den Zwischenraum unserer 3 Paletten von oben und schrauben den Rahmen an.

Schritt 4:

Die fünfte Palette dient als Vorwand oder Tür – sie wird an ihrer Unterseite durch 2-3 Scharniere mit der Außenkante der Seitenwand verbunden.

DIE LISTE DER DINGE, DIE SIE NIE VERWENDEN SOLLTEN:

- Nadelgehölz und Reste Thujen. Sie übersäuern die Erde, sodass Ihre Pflanzen nur schlecht mit Nährstoffen versorgt werden.
- Zweige von Weiden, Hasel- und anderen Nusssträuchern oder -bäumen. Sowie Schnittgut von Brombeeren und Himbeeren, alte Rosenstöcke, Efeu und Reste von Kräutern wie der Pfefferminze, die sich über die Wurzeln vermehrt. All diese treiben wieder neu aus und können Ihr gesamtes Hochbeet durchwurzeln, ohne dass Sie es rechtzeitig bemerken.
- Das Laub von Nuss- und Eichenbäumen, denn diese enthalten Gerbsäure, die sich in der Hochbeeterde verteilen und somit das Pflanzenwachstum verhindern wird.
- Unkraut, das sich über seine Wurzeln vermehrt. Dazu gehören unter anderem Quecken und die Ackerwinde. Auch sie schlagen neu aus und durchwurzeln das Hochbeet unkontrolliert.
- Alle Materialien, die mit Pflanzenschutzmitteln in irgendeiner Form behandelt wurden.
- Rindenmulch und sonstige Holzreste vom Heimwerken oder Basteln sowie alle anderen Industrieprodukte wie zum Beispiel die günstige Pflanzenerde aus den Supermärkten.

ES GEHT LOS

IHR HOCHBEET LEBT NUN – ACHTEN SIE AUF DIE ZEICHEN

Die Füllung Ihres Hochbeetes wird jedes Jahr ein Stückchen zusammensinken. Das ist ein gutes Zeichen, denn es zeigt, dass der Fäulnisprozess der Kompostierung in den einzelnen Schichten aktiv ist und neue Nährstoffe sowie Wärme entstehen. Doch was tun, um die Füllung immer oben zu halten? Gehen Sie wie im ersten Frühjahr vor und ergänzen Sie zuerst eine Lage Laub, eventuell etwas Pferdemist, dann den Rasenschnitt vermischt mit Komposterde und zum Abschluss frische Bio-Erde. Sie können auch alles mit neuer Bio-Erde auffüllen, doch mit der Schicht-Technik sparen Sie bares Geld und halten den Prozess der Kompostierung in Gang.

KEINE CHANCE DEN SCHÄDLINGEN – SO SCHÜTZEN SIE IHRE ERNTE

Das bereits erwähnte Wühlmausgitter schützt Ihr Hochbeet von unten vor Mäusen und einigem anderen Getier wie Blindschleichen, Ringelnattern und Ähnlichem, das zu gern dort einziehen würde. Ein weiterer Freund Ihrer Kohl- und Salatblätter ist die Schnecke. Leider kommt sie nie in der Einzahl vor. Gegen Schnecken hilft Ihnen nur eine Schneckensperre. Das ist ein Schutz, den Sie direkt unter den Handlauf bauen. Um Ihre Abwehr zu erhöhen, bauen Sie mit einem selbstklebenden Kupferband etwas unterhalb der Sperre unter dem Handlauf ein zweites Hindernis auf, über das die Schnecken nur sehr ungern kriechen. Doppelt hält besser! Das Kupferband wir einfach rundherum auf das Holz geklebt. Eine Anleitung liegt in der Regel der Packung bei.

DAS BEET IST VIEL ZU KLEIN ...

Wenn Sie ein bisschen so sind wie wir, werden Sie bald der Meinung sein, dass das Hochbeet noch viel größer sein könnte für noch mehr Gemüse. Diese Reaktion ist ganz normal, denn die Selbstversorgung macht wirklich viel Freude. Sie können Ihr Hochbeet erweitern, indem Sie beispielsweise Blumenkästen über den Handlauf/Rand hängen und dort kleineres Gemüse wie Radieschen oder vielleicht hängende Erdbeeren anpflanzen. Auch einzelne Töpfe lassen sich aufhängen. So haben Sie Ihr Kräuterbeet direkt am Gemüsebeet. Achten Sie aber darauf, sich den Zutritt zum Hochbeet nicht zu sehr zu verbauen.

SIE WÜNSCHEN SICH NUN AUCH NOCH EIN FRÜHBEET?

Dafür müssen Sie nicht zwingend ein neues Frühbeet bauen, hier einige Alternativen:

- Nutzen Sie Ihr Hochbeet als Frühbeet. Dafür können Sie sich ein oder zwei passende schräge Rahmen mit Fenster-Klappen bauen, die sie dann als Aufsatz auf dem Hochbeet nutzen. Die Schrägen sind notwendig, um das Licht optimal einzufangen.
- Decken Sie das Beet mit einem großen Vlies ab, das Sie mit Tischklammern oder Ähnlichem am Handlauf befestigen. Kaufen Sie dafür spezielles ‚Gemüsevlies', das Sie im Fachhandel erhalten. In der Landwirtschaft sind diese schon lange im Einsatz. Die Vliese sind strapazierfähiger und halten selbst Frost und Schneedecken aus. Überprüfen Sie, ob das Vlies atmungsaktiv ist, sonst müssen Sie es täglich öffnen, um die Pflanzen zu belüften.
- Auch ein Schlauchbeet ist möglich. Dafür stecken Sie einige Drahtbögen aus dem Fachhandel ins Hochbeet und spannen eine spezielle Folie fürs Frühbeet darüber. Diese ist haltbarer als irgendwelche Folienreste. Aber: Auch hier müssen Sie den Setzlingen täglich frische Luft verschaffen. Die Nutzung von biegsamen Strauchzweigen (beispielsweise von der Haselnuss) als Ersatz für die gekauften Drahtbögen ist aus den bereits genannten Gründen nicht zu empfehlen. Diese Zweige sind in der Regel noch nicht komplett durchgetrocknet und können den Boden im Hochbeet übersäuern.

- Kleine Setzlinge können auch einzeln mit Gläsern geschützt werden. Sie brauchen ein Gurken- oder Marmeladenglas mit einer großzügigen Öffnung, um das Pflänzchen beim Abnehmen des Glases nicht zu verletzen. Der Nachteil ist, dass Sie alle Gläser täglich mehrmals hochheben müssen, um einen Hitzestau zu vermeiden und den kleinen Pflanzen Sauerstoff zu verschaffen.
- Ein weiterer Tipp, der immer wieder durch die Medien kreist, sind unten aufgeschnittene, benutzte und gereinigte PET-Flaschen, die über die Setzlinge in die Erde gesteckt werden. Das Aufdrehen der Deckel zur Belüftung jeder einzelnen Pflanze scheint einfach - ist aber aufwendig. Seltsamerweise weist in diesen Tipps auch niemand darauf hin, dass bei diesem Tipp permanent Mikroplastik in die Erde gelangt und damit auch in Ihr Gemüse.

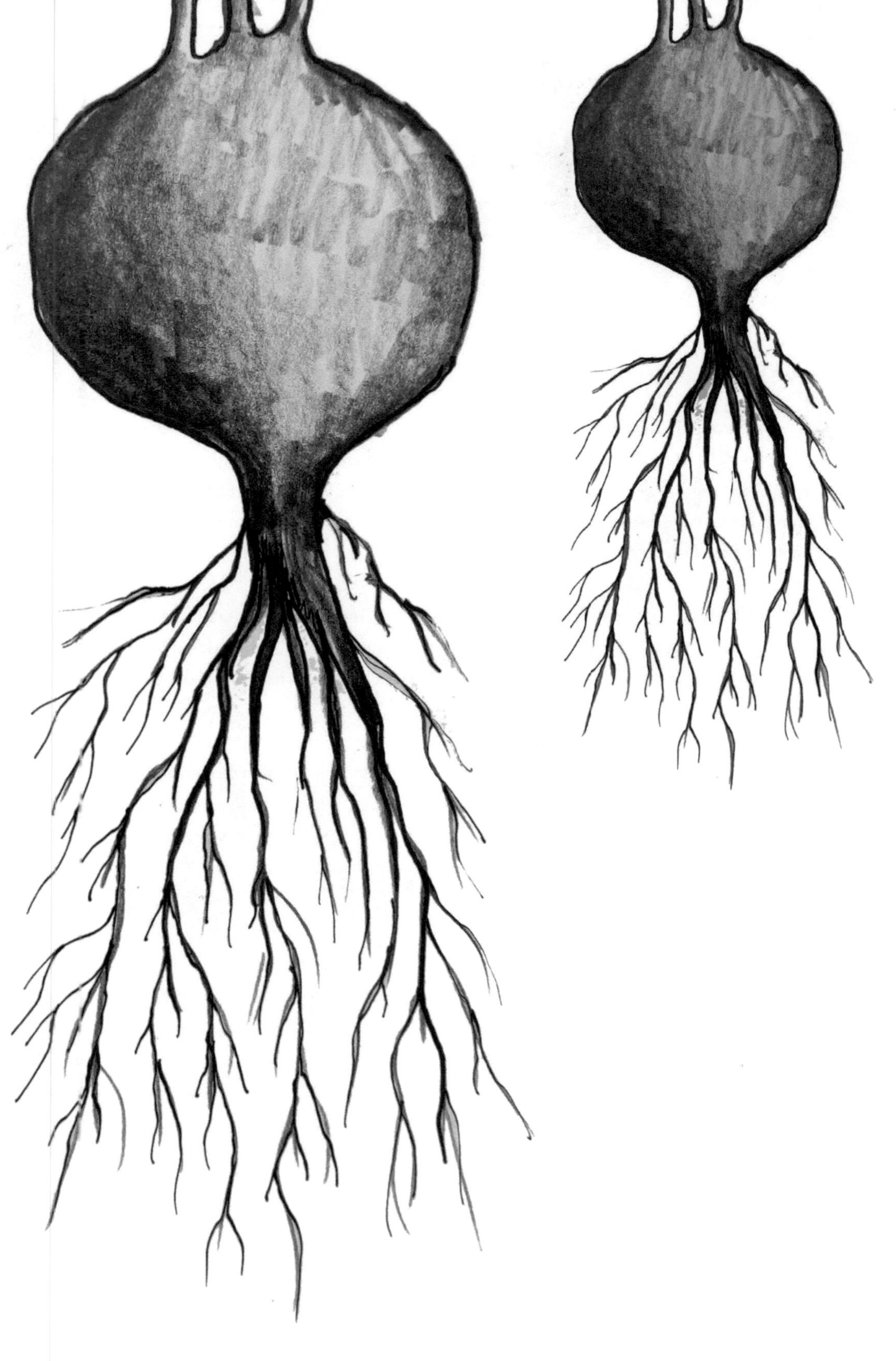

DER KREISLAUF DER GARTENARBEIT FÜR SELBSTVERSORGER

BASISWISSEN FÜR DEN GEMÜSEANBAU IN HOCHBEETEN

Für ein gutes Gedeihen aller Pflanzen im Garten ist der richtige Gartenboden die Grundvoraussetzung. Der Boden muss den Bedürfnissen der Pflanzen entsprechen und danach ausgewählt oder optimiert werden. Die meisten Pflanzen bevorzugen eine lockere, humusreiche und nicht saure Erde. Leider ist der Gartenboden nicht überall für alles perfekt, sodass Maßnahmen erforderlich sind. In Ihrem Hochbeet haben Sie allerdings die Macht über die Erde, mit der Sie es befüllen.

So können auch Mieter eines Hauses auf gesundem Boden Gemüse und andere Pflanzen züchten – ohne den mitgemieteten vorhandenen Garten auf eigene Kosten verändern zu müssen – das wären Aufwendungen, die der Vermieter im Falle Ihres Auszugs nicht ersetzen muss. Ein Hochbeet hingegen können Sie bei einem Umzug abbauen, einpacken und mitnehmen.

Wenn Sie wie wir gern möglichst viele verschiedene Gemüsesorten anpflanzen möchten, raten wir zu mehreren kleineren Hochbeeten, die entsprechend den Pflanzen den richtigen Boden bekommen. Sinnvoll ist es, die Hochbeete irgendwie mit dem Bodenwert zu kennzeichnen. Dafür reicht ein witterungsbeständiges Gemüseschild zum Einstecken in die Erde, das Sie mit dem Säuregrad beschriften.

DAS GARTENJAHR

In den gängigen Garten-Zeitschriften und selbst in sogenannten Fachbüchern liest man immer wieder, dass das Gartenjahr im Frühjahr beginnt. Gut, zu dieser Zeit bekommen die Bäume wieder Blätter und man kann die Reste des Winters mit dem Frühjahrsputz in Haus und Garten entfernen – aber im Garten wächst und gedeiht und passiert immer etwas – auch im Winter. Besonders dann, wenn Sie Ihre Hochbeete auch als Frühbeete nutzen, ist es wichtig, diese rund ums Jahr zu hegen und zu pflegen. Doch auch sonst gibt es für den Gärtner im ganzen Jahr immer etwas zu tun, denn Ihr Garten besteht ja nicht nur aus Ihren Hochbeeten.

Beispiel: Kompost in Herbst anlegen
Wer noch keine Kompostkiste hat, sollte sich im Herbst eine bauen und gut abdecken. Wie genau das geht,

haben wir weiter oben beschrieben. Wichtig ist eine gute Belüftung an den Seiten und Schutz vor Nässe oben. Unten hinein können abgeschnittene und kurz geschnittene Zweige und Äste. Mit einem Häcksler zerkleinert verrottet das Gehölz noch schneller. Darunter mischen Sie die herbstlichen Blätter. Durch das Gehölz trocknen die nassen Blätter auch in der Kompostkiste – sofern sie abgedeckt wird! So geht es auch im Frühjahr weiter, wenn Sie das restliche Laub von den Beeten zusammenharken. Das Laub verrottet zu einem guten Humus. Zudem können Sie den ganzen Winter über Ihre Gemüseabfälle dort entsorgen. Wenn die Kompostkiste voll ist, muss sie ein Jahr lang weiterhin abgedeckt ruhen. Deshalb brauchen Sie zwei Kompostkisten. Während die erste Kiste ruht, füllen Sie die zweite ein Jahr lang neu.

Sobald das Jahr um ist, wird die erste Kiste geöffnet und der Inhalt durch ein großes Kompostsieb gesiebt. Die feine Komposterde verteilen Sie überall im Garten. Die großen Teile, die nicht durchs Sieb passen, geben Sie mit in die zweite Kompostkiste, in der nun alles verrottet und ein Jahr ruht, während die erste Kiste neu mit Kompost gefüllt wird.

Damit dieser Kompost sinnvoll eingesetzt wird, haben wir für Sie die Gartenarbeit, die übers Gartenjahr verteilt anfällt, in einem immer gültigen Kalender sortiert. So können Sie Monat für Monat und Woche für Woche planen, was als Nächstes idealerweise erledigt werden kann oder sollte. Auf diese Weise erhalten Sie eine zeitliche Struktur für Ihre Gartenarbeit und behalten stets den Überblick in Ihren Hochbeeten und dem Rest des Gartens. Wir wünschen jetzt schon gutes Gelingen!

AUSWAHL DER GEMÜSESORTEN FÜR DAS HOCHBEET

Grundsätzlich geht natürlich alles. Bitte achten Sie jedoch bei der Wahl des Gemüses immer auch auf die Wuchshöhe der Pflanzen. Es ist wenig hilfreich, ein Hochbeet anzulegen, das dem Gärtner bis zum Bauchnabel reicht und dann dort Tomaten anzupflanzen. Denn diese können in warmen Sommern gute 1,50 m hoch werden (Strauchtomaten) oder bis zu 2,00 m erreichen (diverse andere Sorten). Gleichzeitig ergibt es keinen Sinn, Radieschen in einem Hochbeet anzupflanzen, da diese flach wachsen und auch in einem Blumenkasten oder einer mit Erde hoch befüllten Obstkiste ihre Wurzeln tief genug ausbreiten und gut gedeihen können. Zur optimalen, individuellen Höhe des Hochbeets haben wir an anderer Stelle schon ausführlich berichtet.

DIE GEMÜSESORTEN – VON A WIE AUBERGINE BIS Z WIE ZWIEBEL

Es gibt so viele unterschiedliche Gemüsesorten und leider können wir nicht alle mit diesem Buch abdecken. Geschmäcker sind auch verschieden und so kommt es, dass nicht jeder Gärtner auch jedes Gemüse gerne isst. Deshalb haben wir beschlossen in diesem Buch einen sehr alltagstauglichen Ansatz zu verfolgen. Auf den folgenden Seiten stellen wir Ihnen eine sorgfältig ausgesuchte Auswahl an unterschiedlichen Gemüsesorten vor. So können Sie sich genau die Sorten heraussuchen, die Sie am liebsten essen oder für die Sie überhaupt Platz haben. Wie wir weiter vorne schon angemerkt haben, wird vermutlich jedes Hochbeet individuell auf die Bedingungen von Garten, Balkon und Terrasse angepasst sein. Genauso individuell können Sie nun auch die Bepflanzung Ihres Beetes planen. So geben wir Ihnen später zwar einen Vorschlag für ein Beispielbeet, Sie können einzelne Sorten aber gerne ersetzen, wenn wir nicht genau Ihren Geschmack getroffen haben sollten oder schlichtweg kein Platz für gewisse Sorten in Ihrem Hochbeet oder Garten vorhanden sein sollte. Unser Beispielbeet richtet sich dabei an den Maßen 3 x 1,2 m aus. Natürlich muss Ihr Beet nicht dieselben Maße haben. Wie wir bereits angemerkt haben, sieht jeder Garten ganz individuell anders aus. Denkbar wäre es beispielsweise auch, dass Sie drei bis vier Palettenrahmenbeete verteilt auf Ihren Garten für die gleiche Anbaufläche nutzen. Bei der Aufteilung können und sollten Sie gerne unser Beispielbeet sowie die Nachbarschaftshinweise im Folgenden als Hilfestellung nutzen.

Wir stellen Ihnen zuerst alle gewählten Gemüsesorten in alphabetischer Reihenfolge mit jeweils einem kleinen Steckbrief vor. Denn einige der Pflanzen pflegen eine besonders gute Nachbarschaft mit ihren Artgenossen. Andere dagegen sind sehr schlechte Nachbarn und können sich im schlechtesten Fall gegenseitig schaden. Wenn Sie also Ihr Beet individualisieren, achten Sie auf gute Nachbarschaftsverhältnisse. Dabei ist es wichtiger, schlechte Nachbarschaften zu vermeiden, anstatt gute Nachbarschaften zu realisieren.

Wir geben hier zu jeder Pflanze die wichtigsten Daten für die Aussaat und das Auspflanzen an. Falls Sie also direkt mit Ihrem Lieblingsgemüse anfangen wollen, können Sie gleich zum passenden Abschnitt im Gartenjahr springen.

AUBERGINE

Das hierzulande meist violette Nachtschattengewächs kann zwischen Juli und Oktober geerntet werden. Die Direktsaat ist hierzulande nur in Jahren mit sehr warmem Frühling möglich, deshalb empfiehlt sich eine Anzucht. Schlechte Nachbarn sind vor allem andere Nachtschattengewächse, da sie die gleichen Schädlinge anziehen.

Die Vorzucht bietet sich ab Anfang Februar an und ist bei Auberginen hierzulande zwingende Voraussetzung. Das Auspflanzen sollte dann Mitte Mai stattfinden, definitiv aber erst dann, wenn keine Frostgefahr mehr besteht. Die Direktsaat in sehr warmen Gegenden wäre ab Mitte Mai möglich, allerdings haben die Jungpflanzen hier schon einen sehr großen Vorsprung.

DAS STECKT DRIN

- 17 kcal pro 100 g,
- Kalium,
- Vitamine A, B1, B2, B3, B5, B6, B7, C, E,
- Folsäure.

GUTE NACHBARN

- Bohnen,
- Radieschen sowie
- Salate.

SCHLECHTE NACHBARN

- Kartoffeln,
- Paprika,
- Tomaten.

BLUMENKOHL / BROKKOLI

Blumenkohl und Brokkoli sind eng miteinander verwandt. Besonders auffällig bei beiden ist, dass der noch geschlossene Blütenstand geerntet wird. Lässt man sie zu lange stehen, fangen sie an zu blühen. Was schön aussieht, ist nicht wirklich vorteilhaft für den Geschmack. Sie werden holzig und ungenießbar. Deshalb lieber etwas früher ernten. Denn auch mit geschlossenem Blütenstand sieht ein Brokkoli ein bisschen wie ein Blumenstrauß aus.

Ende Januar kann bereits mit der Vorzucht auf der Fensterbank begonnen werden. Beide sollten auch auf jeden Fall vorgezogen und nicht direkt ausgesät werden. Ins Beet kommen die Jungpflanzen dann Ende April oder Anfang Mai. Eine Direktsaat im Beet ist auch möglich, etwa ab der gleichen Zeit wie das Auspflanzen, aber nicht empfohlen.

DAS STECKT DRIN

- Blumenkohl 23 kcal pro 100 g,
- Brokkoli 34 kcal pro 100 g,
- Kalium,
- Vitamine B1, B5, C, K,
- Folsäure,
- Eisen.

GUTE NACHBARN

- Bohnen,
- Dill,
- Rote Bete,
- Lauch,
- Sellerie,
- Radieschen.

SCHLECHTE NACHBARN

- Tomaten,
- Kartoffeln,
- Knoblauch,
- Zwiebeln sowie
- andere Kohlarten.

BUSCHBOHNEN / KIDNEYBOHNEN

Die langen grünen Bohnen sind hierzulande schon lange bekannt und beliebt. Ihr großer Vorteil gegenüber anderer Bohnenarten ist, dass sie nicht ranken und deshalb kein Gerüst benötigen. Abgesehen von ihrer Kälteempfindlichkeit sind Buschbohnen sehr unkompliziert im Anbau und gleichzeitig sehr ertragreich. Die sehr beliebte Kidneybohne zählt auch zu den Buschbohnen. Wir zeigen in diesem Buch, wie sie diese einfach selbst im Hochbeet ernten können.

Buschbohnen müssen nicht zwingend vorgezogen werden, allerdings kann man ihnen so einen kleinen Vorsprung verschaffen, um die fertigen Bohnen früher zu ernten. Vorgezogen werden kann ab April. Das Auspflanzen kann dann ab Mitte Mai geschehen. Eine Direktsaat kann ab Anfang Mai erfolgen.

DAS STECKT DRIN

- 33 kcal pro 100 g / Kidneybohnen 295 kcal pro 100 g,
- Eiweiß,
- Eisen,
- Kalium,
- Kalzium,
- Magnesium,
- Vitamine B2, B6 und
- Beta-Carotin.

GUTE NACHBARN

- Gurke,
- Sellerie,
- Rote Bete,
- Kohlgemüse,
- Kopfsalat,
- Tomate.

SCHLECHTE NACHBARN

- Zwiebeln,
- Knoblauch,
- Lauch,
- Erbsen,
- Fenchel.

FENCHEL

Mit seinem starken Anisgeschmack ist Fenchel nicht unbedingt für alle Geschmäcker geeignet. Die ätherischen Öle, die für diesen Geschmack sorgen, wirken sich allerdings sehr positive auf Magen und Darm aus. Deshalb wird der wilde Fenchel gar als Heilpflanze eingestuft. Die Knolle kann roh und gekocht zubereitet werden. Besonders beliebt ist bei vielen auch der Fencheltee. Dieser schmeckt nicht nur gut, sondern beruhigt auch Magen und Darm bei akuten Beschwerden.

Gesät werden kann von April bis Juli. Die Vorzucht kann von März bis Juli stattfinden, sodass ein Auspflanzen sogar noch bis in den August erfolgen kann.

DAS STECKT DRIN

- 19 kcal pro 100 g,
- Eisen,
- Beta-Carotin,
- Kalium sowie die
- Vitamine A, B9, C, E, K.

GUTE NACHBARN

- Salat,
- Radieschen,
- Gurken,
- Rote Bete,
- Erbsen.

SCHLECHTE NACHBARN

- Paprika,
- Sellerie,
- Dill,
- Buschbohnen.

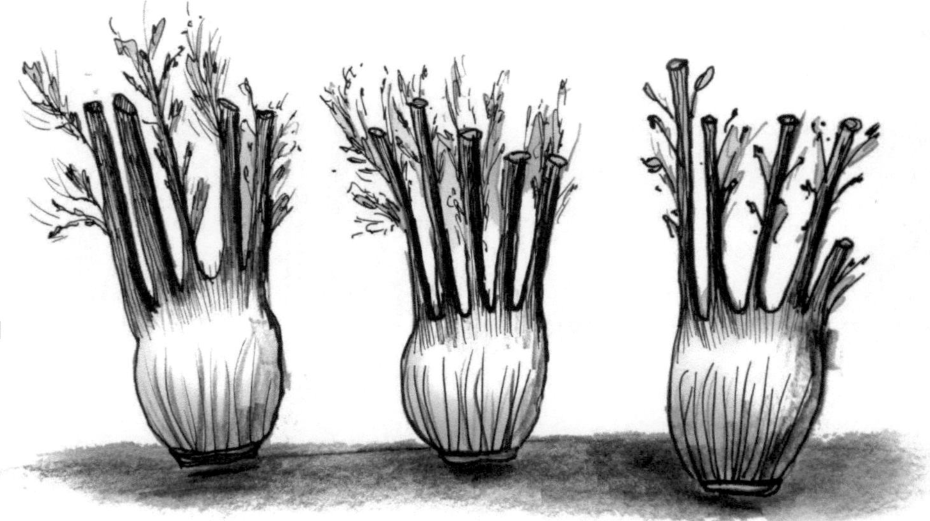

FRÜHLINGSZWIEBELN

Eng verwandt mit der Zwiebel, aber geschmacklich deutlich milder ist die Frühlings- oder Lauchzwiebel. Dabei enthalten sie die gleichen Inhaltsstoffe wie ihre Artgenossen und passen wunderbar zu asiatischen Gerichten. Der weiße Teil der Pflanze ist von ihrer Beschaffenheit und dem Geschmack sehr nahe an den klassischen Zwiebeln. Die grünen Enden kann man dabei zusätzlich wunderbar als Topping verwenden, ähnlich wie mit Schnittlauch. So wird die komplette Pflanze verwertet.

Frühlingszwiebeln kann man theoretisch das ganze Jahr über ernten. Gesät wird ab März bis in den August hinein. Ein Vorziehen ist nicht notwendig. Wenn man sie nicht komplett aus der Erde zieht, sondern etwa drei bis fünf Zentimeter über dem Boden abschneidet, treiben sie erneut aus und sind so mehrfach zu ernten.

DAS STECKT DRIN

- 23 kcal pro 100 g,
- Eisen,
- Beta-Carotin,
- Kalium,
- Kalzium,
- Vitamin B1, B2, B6, C und E.

GUTE NACHBARN

- Salat,
- Gurken,
- Karotten.

SCHLECHTE NACHBARN

- Bohnen.

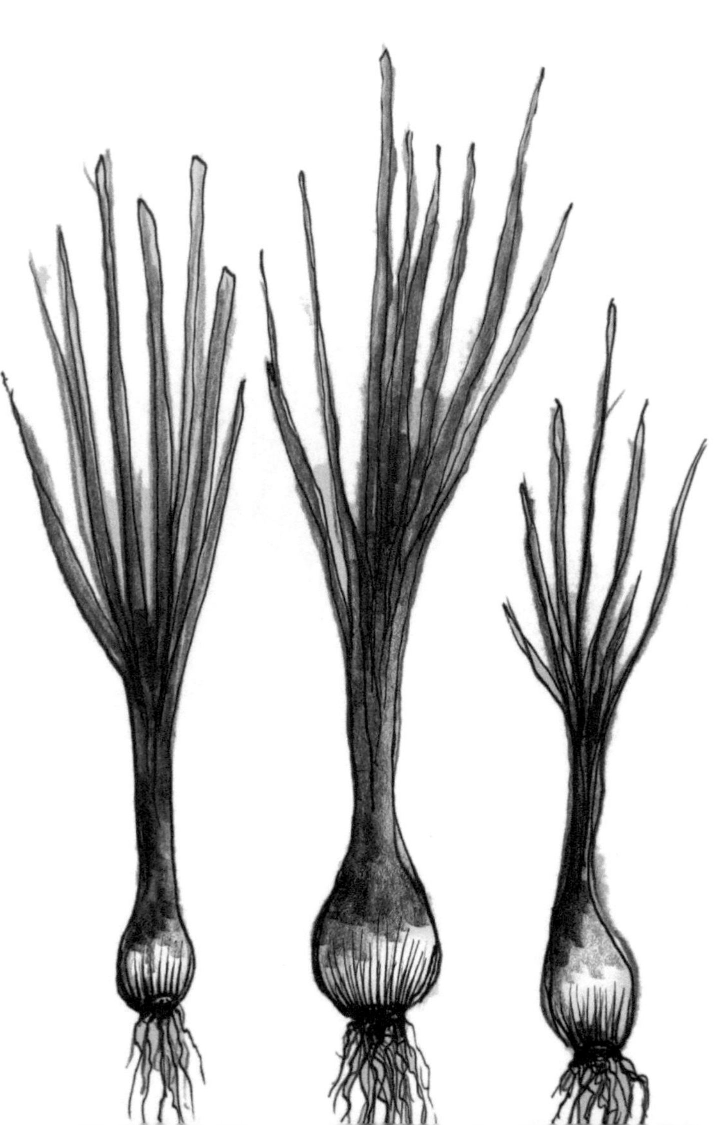

GURKEN

Die Schlangengurke, die vermutlich jeder aus dem Supermarkt kennt, ist relativ anspruchsvoll im Anbau. Pflegeleicht dagegen sind die Landgurken, die sich zwar optisch etwas von den Schlangengurken unterscheiden, aber geschmacklich sehr ähnlich sind. Gurken mögen keinen Frost und auch nicht zu viel Regen. Ansonsten sind die Rankpflanzen relativ pflegeleicht und belohnen den Gärtner mit reichlich Ernte. Eine Pflanze ist mit ihrem Ernteertrag normalerweise ausreichend für einen Zweipersonenhaushalt. Die meisten Vitamine und Nährstoffe befinden sich übrigens in der Schale. Es empfiehlt sich also, die Gurken ungeschält zu verzehren!

Gurken können ab März vorgezogen werden und dann ab einer Wuchshöhe von ca. 25 cm ins Beet oder einen großen Kübel umziehen. Eine Direktsaat empfehlen wir nicht. Die Pflanzen sollten Sie also auf jeden Fall vorziehen. Um Platz zu sparen, lohnt es sich, die Gurken nicht einfach auf dem Boden ranken zu lassen, sondern über ein Rank Gerüst oder etwas Ähnliches nach oben zu leiten. Eine sehr gute und kostengünstige Möglichkeit ist hier auch der Gartenzaun oder das Balkongeländer.

DAS STECKT DRIN

- 12 kcal pro 100 g,
- Kalium,
- Beta-Carotin,
- Folsäure.

GUTE NACHBARN

- Basilikum,
- Bohnen
- Dill,
- Fenchel
- Salat.

SCHLECHTE NACHBARN

- Tomaten,
- Radieschen,
- Kürbis,
- Zucchini.

KAROTTEN

Karotten lieben das Hochbeet. Der Grund dafür ist einfach, da sie in dem lockeren Boden schön lange und gerade heranwachsen können. Sie schmecken lecker, egal ob roh oder als Geschmacksgeber für Brühen, Suppen oder Eintöpfe. Ihren Ruf, gut für die Augen zu sein, haben die Karotten übrigens von ihrem sehr hohen Beta-Carotingehalt. Als Vorstufe des Vitamins A ist das tatsächlich gut für die Augen, allerdings wohl nicht in dem sagenumwobenen Ausmaß. So gut wie Karotten schmecken stört uns das aber kaum.

Karotten werden immer direkt ausgesät, damit sie gerade wachsen können. Außerdem reagieren sie empfindlich auf Standortwechsel. Sie können zwischen April und Juni gesät werden.

DAS STECKT DRIN

- 26 kcal pro 100 g,
- Beta-Carotin,
- Kalium,
- Vitamin B1, B5, B6, C, E.

GUTE NACHBARN

- Zwiebeln (sie halten sich gegenseitig die jeweilige Schadfliege vom Hals),
- Dill,
- Erbsen,
- Knoblauch,
- Radieschen,
- Tomaten,
- Schnittlauch.

SCHLECHTE NACHBARN

- Fenchel.

KARTOFFELN

Das in Deutschland besonders beliebte Nachtschattengewächs ist im Anbau gar nicht anspruchsvoll oder kompliziert. Der Kartoffelkäfer als größter Schädling macht die Sache allerdings doch schwieriger. Denn ist dieser schwarz-gelb gestreifte Käfer einmal im Beet, ist er nur schwer wieder heraus zu bekommen. In einem Jahr gibt es bis zu zwei Generationen von Kartoffelkäfern und sie können im Boden überwintern, sodass man die Plagegeister auch in den Folgejahren im Beet hat.

Streng genommen werden Kartoffeln nicht gesät, sondern gesteckt bzw. gelegt. Auch das Vorziehen wirkt im Vergleich zu den anderen Gemüsesorten in diesem Buch unüblich. Die Kartoffeln lässt man ab März vorkeimen. Dazu werden sie einfach offen liegengelassen, bis sich Triebe bilden. Von April bis Juni kommen diese dann ins Beet.

DAS STECKT DRIN

- 72 kcal pro 100 g,
- Kalium,
- Vitamin B1, B3, C.

GUTE NACHBARN

- Kohlgemüse,
- Kohlrabi,
- Spinat.

SCHLECHTE NACHBARN

- Aubergine,
- Kürbis,
- Sellerie,
- Tomaten.

KNOBLAUCH

Auch wenn manche Menschen seinen Geschmack nicht mögen, enthält Knoblauch unumstritten einige positive gesundheitliche Wirkungen. Besonders gut ist er für das Herz-Kreislauf-System. Auch in der Erkältungszeit hilft seine antibakterielle und desinfizierende Wirkung. Aus der mediterranen Küche ist er nicht mehr wegzudenken. Aber Achtung beim Kochen: Den Knoblauch nicht anbrennen lassen, sonst wird er sehr bitter.

Sommerknoblauch wird zwischen Februar und April gepflanzt. Winterknoblauch in den Monaten September und Oktober.

DAS STECKT DRIN

- 143 kcal pro 100 g,
- Kalium,
- Phosphat.

GUTE NACHBARN

Viele Schädlinge können den Geruch der Pflanze nicht ausstehen, wodurch Knoblauch an sich ein natürliches Schädlingsbekämpfungsmittel ist. Besonders oft gepflanzt wird er neben:

- Gurken,
- Karotten,
- Tomaten.

SCHLECHTE NACHBARN

- Erbsen,
- Kohl.

KNOLLENSELLERIE

Der Sellerie bringt köstlichen Geschmack in Suppen, Brühen und Eintöpfe. Doch er ist auch roh verzehrbar, zum Beispiel in Salaten.

Da Sellerie relativ langsam heranwächst, ist ein frühes Vorziehen erforderlich. Dazu wird der Sellerie ab März im Haus vorgezogen. Das Auspflanzen findet dann ab Mai statt. Geerntet werden kann dann ab Oktober bis in den Dezember oder sogar Januar hinein.

DAS STECKT DRIN

- 18 kcal pro 100 g,
- Kalium,
- Folsäure,
- Vitamine B1, B2, B6, C und K.

GUTE NACHBARN

- Bohnen,
- Gurken,
- Kohl,
- Lauch,
- Tomaten,
- Kohlrabi.

SCHLECHTE NACHBARN

- Kartoffeln,
- Kopfsalat.

KOHLRABI

Kohlrabi gilt als ein typisches deutsches Gemüse, auch wenn nicht genau bekannt ist, wo genau sein Ursprung liegt. Der Großteil wird in Deutschland angebaut und verzehrt und sogar in anderen Ländern wie Russland, Amerika oder Japan wird er als Kohlrabi bezeichnet. Meist wird er hierzulande gekocht, doch auch roh ist er als leckerer Gemüsesnack bekannt.

Kohlrabi muss nicht zwingend vorgezogen werden, allerdings kann man ihm einen kleinen Wachstumsvorsprung verschaffen, wenn man ihn bereits ab Februar vorzieht und ab Ende März ins Beet auspflanzt. Die Direktsaat empfehlen wir erst ab dauerhaften Temperaturen von 15 °C, damit sie optimal keimen können.

DAS STECKT DRIN

- 24 kcal pro 100 g,
- Kalium,
- Magnesium,
- Beta-Carotin,
- Vitamin C und K.

GUTE NACHBARN

- Bohnen,
- Erbsen,
- Kartoffeln,
- Kopfsalat,
- Tomaten,
- Radieschen,
- Rote Bete,
- Sellerie,
- Lauch,
- Spinat.

SCHLECHTE NACHBARN

Der Kohlrabi ist ein absoluter Wunsch-Nachbar, den jeder haben will. Wirklich schlechte Nachbarn gibt es nicht und sehr viele Gemüsesorten fühlen sich neben ihm pudelwohl.

KÜRBIS

Der Kürbis ist eine der ältesten Kulturpflanzen, die wir kennen. Aus Aufzeichnungen wissen wir, dass bereits vor über 10.000 Jahren Kürbisse angebaut worden sind. Was die wenigstens vermuten; eigentlich handelt es sich beim Kürbis um eine Beere – eine durchaus sehr große Beere. Kürbispflanzen werden sehr groß und überwuchern gerne anderen Pflanzen. Deshalb muss man ihn fest im Griff haben. Es lohnt sich beispielsweise ihn in einen Randbereich des Hochbeets zu pflanzen, sodass er aus dem Beet herauswachsen kann und die Früchte so beispielsweise auf dem Rasen genug Platz finden.

Da man Kürbisse ab Mai bereits im Freiland aussähen kann, lohnt sich ein Vorziehen meist nicht. Wer seinem Kürbis gerne vier Wochen Vorsprung gönnen will, kann natürlich trotzdem ab April die Pflanzen vorziehen. Erntereif sind die Riesenbeeren etwa vier Monate nach der Aussaat im Herbst.

DAS STECKT DRIN

- 28 kcal pro 100 g,
- Beta-Carotin,
- Kalium,
- Vitamine B1, B3, B5, B6, C und E.

GUTE NACHBARN

- Lauch,
- Zwiebeln
- Kopfsalat,
- Karotten.

SCHLECHTE NACHBARN

- Zucchini,
- Kartoffeln.

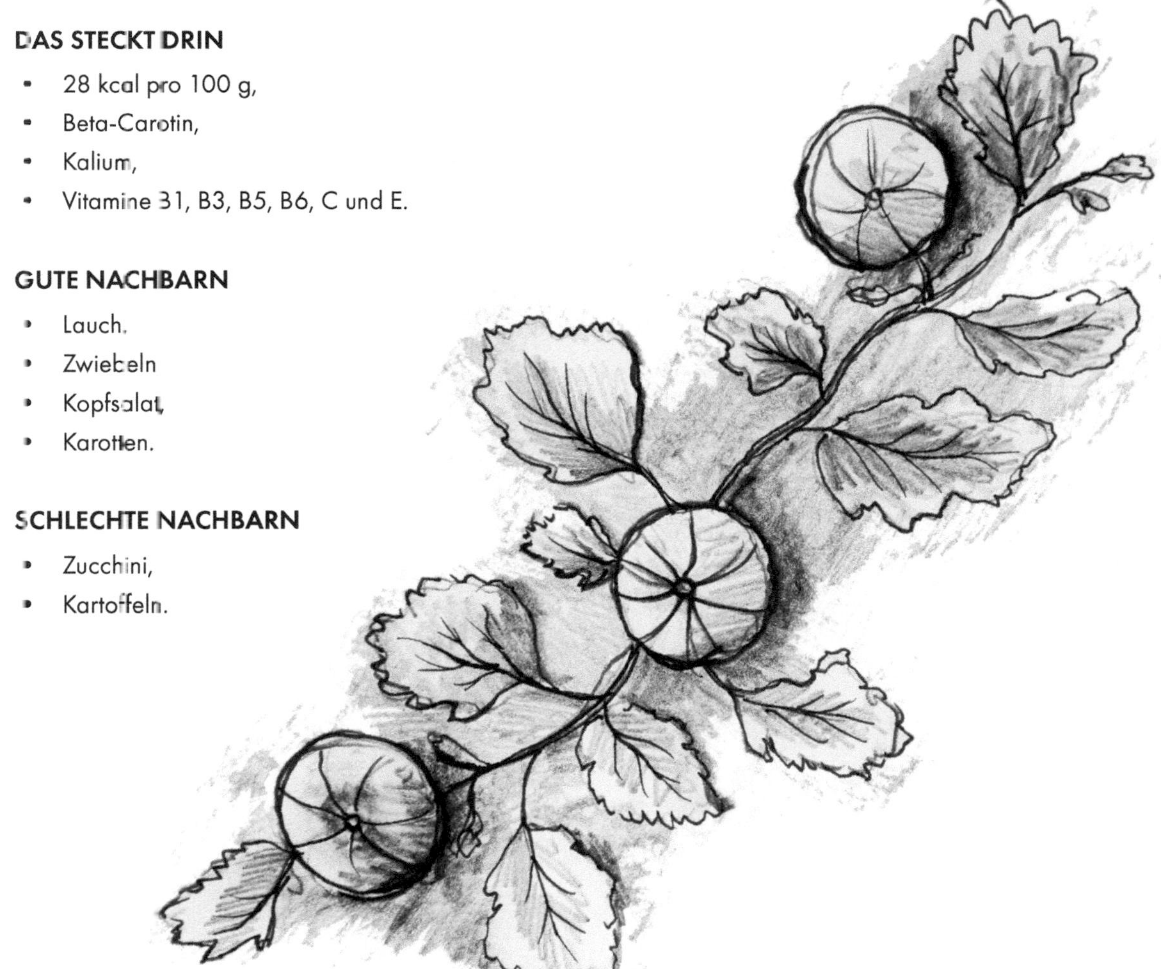

LAUCH (PORREE)

Egal ob als eigenständige Beilage oder neben Sellerie und Möhren als Geschmacksträger in Suppen, Brühen und Eintöpfen: Lauch macht immer eine gute Figur.

Beim Lauch ist das Vorziehen ein fester Bestandteil der Kultur. Dabei ist es wichtig, bereits darauf zu achten, dem Lauch genug Platz nach unten hin einzuräumen. Schließlich soll er mal schön lange werden. Von Februar bis Mai kann man ihn vorziehen und zwischen April und Mai ins Beet auspflanzen. Geerntet wird im Herbst oder den frühen Wintermonaten. Aber Achtung: zu viele frostige Tage weichen den Lauch auf und er wird matschig und ungenießbar.

DAS STECKT DRIN

- 29 kcal pro 100 g,
- Beta-Carotin,
- Kalium,
- Folsäure,
- Vitamine C, E und K.

GUTE NACHBARN

- Kohl,
- Kopfsalate,
- Karotten,
- Kohlrabi,
- Sellerie.

SCHLECHTE NACHBARN

- Bohnen,
- Erbsen,
- Rote Bete.

MANGOLD

Blattmangold sieht aus wie eine Kreuzung zwischen Spinat und Rote Bete. Das ist tatsächlich gar nicht so weit von der Wahrheit entfernt, denn er ist mit beiden Pflanzen verwandt. Selbst beim Geschmack lassen sich gewisse Parallelen erkennen. So kann man ihn beim Kochen auch wunderbar als Spinatersatz einsetzen. Mit seinen vielen Vitaminen und Mineralstoffen muss er sich nicht vor der Verwandtschaft verstecken.

Im Anbau ist der Mangold recht anspruchslos, solange er immer genug Wasser bekommt. Gesät wird ab April, ein Vorziehen ist nicht notwendig, und geerntet wird knapp drei Monate nach der Aussaat.

DAS STECKT DRIN

- 14 kcal pro 100 g,
- Kalzium,
- Kalium,
- Magnesium,
- Beta-Carotin,
- Folsäure,
- Vitamine B2, C, E und K.

GUTE NACHBARN

- Bohnen,
- Brokkoli,
- Fenchel,
- Kohl,
- Karotten,
- Zwiebeln.

SCHLECHTE NACHBARN

- Spinat.

PAPRIKA

Ursprünglich stammt Paprika aus Mittel- und Südamerika. Doch mittlerweile ist sie auch aus deutschen Küchen nicht mehr wegzudenken. Kein Wunder, schließlich bringt sie viel Geschmack und gesunde Vitamine mit. Es gibt sie in vielen unterschiedlichen Formen und Farben. Dabei ist der Unterschied zwischen Paprika, Peperoni und Chili nicht wirklich eindeutig und je nach Sprache auch fließend.

Da Paprika sich etwas mehr Zeit lässt in ihrer Entwicklung, lohnt sich eine frühe Anzucht ab Ende Februar. Da sie sehr kälteempfindlich sind, sollten die Jungpflanzen erst nach den Eisheiligen, etwa gegen Mitte Mai ins Beet nach draußen umziehen. Eine Direktsaat empfehlen wir nicht, da der deutsche Frühling meist zu kalt für die wärmeliebende Paprika ist. Ernten kann man sie dann ab August, so lange, bis die Pflanze keine weiteren Schoten mehr ausbildet. Teilweise kann man so sogar noch im Oktober frische Paprika ernten.

DAS STECKT DRIN

- 20-35 kcal pro 100 g,
- Beta-Carotin,
- Folsäure,
- Vitamine A, B6, C und E.

GUTE NACHBARN

- Kohl,
- Karotten,
- Tomaten

SCHLECHTE NACHBARN

- Erbsen,
- Fenchel,
- Rote Bete.

RADIESCHEN

Radieschen sind nicht nur schön anzuschauen, sondern dank der enthaltenen Senföle können sie auch feurig scharf und lecker werden. Sie passen perfekt in fast jeden Salat und als Snack zur Brotzeit. Ihr großer Vorteil im eigenen Beet ist, dass sie sehr schnell wachsen und geerntet werden können. Für die ersten Erfolgserlebnisse empfehlen wir deshalb unbedingt welche in Ihren Beeten.

Ein Vorziehen von Radieschen ist dank ihres schnellen Wachstums nicht notwendig. Allerdings können Sie versuchen, ab Januar bereits einige auf der Fensterbank anzuziehen. Ansonsten geht es ab März direkt nach draußen ins Beet. Bis zum September können Sie regelmäßig nachsäen, um immer genug Nachschub an frischen Radieschen zu haben. Im Sommer kann bereits nach drei bis vier Wochen geerntet werden. Im Frühjahr und im Herbst gönnen Sie den kleinen Knollen ruhig eine Woche mehr Zeit.

DAS STECKT DRIN

- 14 kcal pro 100 g,
- Eisen,
- Kupfer,
- Vitamine B9, C und K.

GUTE NACHBARN

- Tomaten,
- Bohnen,
- Erbsen,
- Salate.

SCHLECHTE NACHBARN

- Gurke,
- Kohlrabi.

ROTE BETE

Jeder, der schon einmal eine der Rüben verarbeitet hat, kann sich wahrscheinlich vorstellen, warum die Pflanze zum Färben benutzt wird. So besitzt sie in der Lebensmittelindustrie sogar eine eigene E-Nummer als Farbstoff E162. Doch inzwischen wird sie nicht nur wegen ihrer Farbe geschätzt. Sie soll die Regeneration des Körpers fördern und als Kraftspender und Jungbrunnen dienen. Deshalb greifen nicht nur Spitzensportler mittlerweile auf die Rote Rübe zurück. Die enthaltenen Stoffe Betain ist ferner dafür bekannt, den Spiegel unseres Glückshormons Serotonin zu erhöhen. Vereinfacht gesagt macht Rote Bete also gute Laune.

Bekommt sie genug Sonne ab, ist die Rote Bete sehr pflegeleicht. Sie wird ab April direkt ins Beet gesät und ab etwa drei bis vier Monaten im Anschluss geerntet. Es lohnt sich übrigens auch sehr, die Blätter zu verwerten. Diese enthalten einen Großteil der Vitamine.

DAS STECKT DRIN

- 42 kcal pro 100 g,
- Kalium,
- Vitamine A, C und K.

GUTE NACHBARN

- Kohl,
- Knoblauch,
- Sellerie,
- Fenchel.

SCHLECHTE NACHBARN

- Spinat,
- Kartoffeln.

SALAT

Bei den Salaten unterscheidet man vor allem zwischen den Kopfsalaten, die als ausgereifter kompletter Kopf geerntet werden, und den Pflücksalaten, die man fortlaufend blattweise ernten kann. Salate lieben die Sonne. Vorziehen kann man Kopfsalate ab Anfang Februar. Da Pflücksalate sehr schnell wachsen, lohnt sich das bei diesen kaum. Direktsaat und Aussaat kann dann von April bis Oktober stattfinden. Viele Salate lassen sich auch im Winter ernten.

DAS STECKT DRIN

- 11 kcal pro 100 g,
- Eisen,
- Beta-Carotin,
- Kalium,
- Vitamine B1, B2, B6 und C.

GUTE NACHBARN

- Bohnen,
- Fenchel,
- Kohlrabi,
- Radieschen,
- Tomaten,
- Zwiebel.

SCHLECHTE NACHBARN

- Petersilie,
- Sellerie.

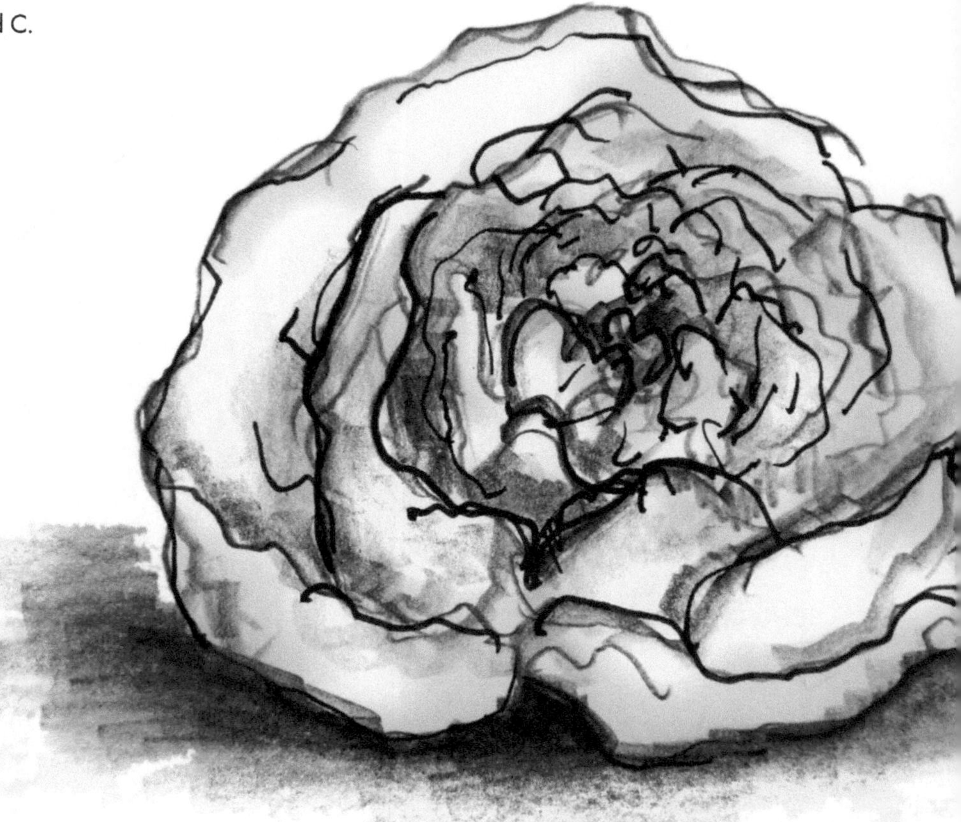

SPINAT

Viele kennen noch den Mythos um den Spinat und seinen Eisengehalt. Schließlich gibt es auch einen beliebten klassischen Zeichentrickhelden, der Dank Spinat Superkräfte entwickelt. Tatsächlich enthält Spinat viel Eisen, aber nur etwa ein Zehntel der ursprünglich angenommenen Menge im 19. Jahrhundert. Schuld war vermutlich ein Übertragungsfehler in den Aufzeichnungen. Nichtsdestotrotz ist er ein beliebter Leckerbissen und enthält noch viele andere wichtige Nährstoffe. Allen voran eine sehr große Menge an Kalium. Mit diesem Wissen schmeckt es gleich noch besser.

Spinat kann im Frühjahr und im Winter kultiviert werden. Ab Mitte März kann der frühe Spinat gesät werden. Im Herbst ist der Zeitpunkt zwischen September und Oktober optimal. Erntereif ist er dann nach zehn bis zwölf Wochen. Ein Vorziehen ist nicht notwendig.

DAS STECKT DRIN

- 6 kcal pro 100 g,
- Kalium,
- Beta-Carotin,
- Kalzium,
- Magnesium,
- Vitamine A, B2, B6, B7, B9, C und K.

GUTE NACHBARN

- Auberginen,
- Bohnen,
- Erbsen,
- Kartoffeln,
- Radieschen.

SCHLECHTE NACHBARN

- Mangold,
- Rote Bete.

TOMATEN

Botanisch gesehen ist die Tomate eine Beere und gehört, wie auch die bereits genannten Kartoffeln, Auberginen und Paprika zu den Nachtschattengewächsen. Wie die Paprika, stammt auch sie ursprünglich aus Süd- und Mittelamerika. Als sie nach Europa gebracht wurde, aßen einige Menschen auch grüne Tomaten und die anderen Pflanzenteile, was durch den enthaltenen Stoff Solanin zu Vergiftungen führte. Deshalb wurde sie einige Zeit in Spanien nur als Zierpflanze genutzt. Doch heute ist sie aus der mediterranen Küche gar nicht mehr wegzudenken.

Vermutlich wird kein anderes Gemüse in Deutschland so gerne und häufig angebaut wie die Tomate. Dabei ist sie relativ anspruchsvoll. Sie mag zwar die Sonne, aber lieber nicht zur intensiven Mittagszeit. Regen mag sie gar nicht, weswegen sie sich sehr über eine Überdachung freut. Aber dennoch benötigt sie viel Wasser. Ohne Gewächshaus oder geeignete Überdachung empfehlen wir Wildtomatensorten für das Freiland. Vorgezogen wird ab März und Mitte Mai geht es nach den Eisheiligen ins Beet. Geerntet werden kann dann zwischen Juli und Oktober. Eine Direktsaat empfehlen wir nicht, da die Tomatenpflanzen sehr anspruchsvoll sind.

DAS STECKT DRIN

- 17 kcal pro 100 g,
- Beta-Carotin,
- Vitamine B9, C, E und K.

GUTE NACHBARN

- Knoblauch,
- Kohl,
- Kohlrabi.

SCHLECHTE NACHBARN

- Erbsen,
- Fenchel,
- Kartoffeln.

WEIß- / ROTKOHL

Den Weißkohl kennen die meisten als Sauerkraut. Wie sein violettfarbener Bruder, der Rot- oder Blaukohl ist er eine Vitamin-C-Bombe. Durch die Möglichkeit der Fermentation konnte man ihn bereits früher sehr lange haltbar machen. Dadurch war Sauerkraut ein beliebtes Nahrungsmittel auf langen Schifffahrten gegen den gefürchteten Skorbut.

Eine Direktsaat wird bei beiden Kohlsorten nicht empfohlen. Besser ab Februar vorziehen. Die beste Keimtemperatur liegt um die 20 °C. Ab April geht es dann raus ins Beet für die Pflanzen. Geerntet werden kann je nach Sorte nach zwei bis vier Monaten. Je länger Sie warten, desto größer wird der Kohl.

DAS STECKT DRIN

- 25 kcal pro 100 g,
- Kalium,
- Vitamin C.

GUTE NACHBARN

- Bohnen,
- Dill,
- Erbsen,
- Sellerie,
- Salat,
- Lauch,
- Kartoffeln.

SCHLECHTE NACHBARN

- andere Kohlsorten.

ZUCCHINI

Aus dem Italienischen übersetzt bedeutet Zucchini eigentlich "kleine Kürbisse". So hat es sich eingebürgert, dass wir in Deutschland sogar für die einzelne Frucht oder Pflanze den Plural verwenden. Die Früchte der Zucchini haben die Angewohnheit, bis zur Ernte immer weiter zu wachsen. So ist es durchaus möglich, Früchte mit einer Länge von 40–50 cm und einem Gewicht bis zu drei Kilogramm zu ernten. Allerdings ist der Geschmack der kleineren Früchte deutlich intensiver und so wird sie mit zunehmender Größe immer wässriger. Bittere Exemplare sollten Sie auf jeden Fall entsorgen. Durch eine Kreuzung mit Zierkürbissen kann der so entstandene Bitterstoff zu Erbrechen und bei sehr hoher Dosierung sogar zum Tod führen.

Zucchini können direkt gesät werden ab Anfang Mai. Ein bis zwei Pflanzen können dabei schon genug Ernteertrag für einen Zwei- bis Dreipersonenhaushalt erbringen. Nach etwa zwei Monaten können im Juli bereits die ersten Früchte geerntet werden. Weitere folgen dann bis zum Oktober oder November. Das Vorziehen ist ab April auch möglich, aber nicht zwingend notwendig.

DAS STECKT DRIN

- 19 kcal pro 100 g,
- Beta-Carotin,
- Vitamine B2, C und K,
- Eisen.

GUTE NACHBARN

Zucchini pflegen mit vielen Gemüsen eine gute Nachbarschaft. Unter anderen sind dies:

- Bohnen,
- Erbsen,
- Mangold,
- Zwiebeln.

SCHLECHTE NACHBARN

- Gurken,
- Kartoffeln,
- Tomaten.

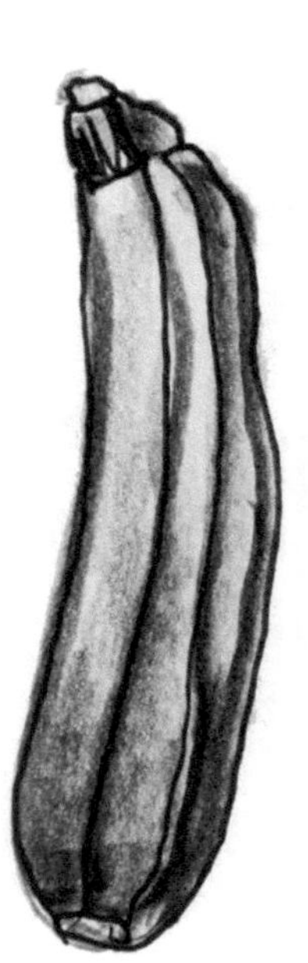
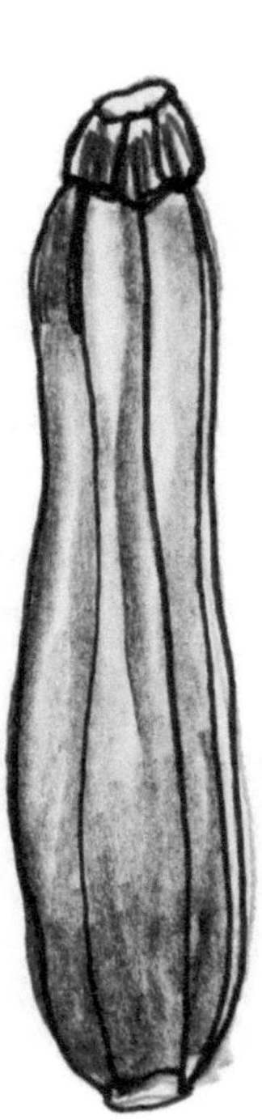

ZUCKERERBSEN

Zuckererbsen werden auch Zuckerschoten oder Kaiserschoten genannt. Für ein Gemüse sind sie sehr eiweißhaltig und somit eine wertvolle Proteinquelle, nicht nur für Vegetarier oder Veganer. Besonders hervorzuheben ist die Tatsache, dass man die Schoten mitsamt der Schale essen kann. Die Hülle enthält mehr Antioxidantien und Ballaststoffe als die Erbsen selbst. Sind die Schoten allerdings zu lange gereift, wird die Schale holzig und fasrig und Sie sollten die Erbsen schälen.

In der Anzucht sind die Erbsen sehr unkompliziert. Sobald der Boden eine Temperatur von 8 °C erreicht hat, können die Erbsen in Reihen ausgesät werden. Das ist meist gegen Ende April der Fall. Da die Zuckerschoten Kletterpflanzen sind, empfiehlt sich irgendeine Art von Rankgerüst, um sie dabei zu unterstützen. Etwa drei Monate nach der Saat sind die Schoten bereit, verzehrt zu werden. Am besten direkt frisch von der Pflanze gepflückt. Einen kleinen Wachstumsvorsprung können Sie Ihnen verschaffen, indem Sie sie bereits im April vorziehen.

DAS STECKT DRIN

- 63 kcal pro 100 g,
- Kupfer,
- Mangan,
- Folsäure,
- Vitamine B1, C.

GUTE NACHBARN

- Karotten,
- Kohlrabi,
- Mangold,
- Salat.

SCHLECHTE NACHBARN

- Bohnen,
- Lauch,
- Zwiebeln,
- Tomaten,
- Spinat.

ZWIEBELN

Zwiebeln sind ein wahrer Immunbooster und somit nicht nur zur Grippezeit besonders beliebt. Sie enthalten neben zahlreichen Vitaminen auch Schwefel. Dieser ist übrigens dafür verantwortlich, dass beim Zwiebelschneiden die Tränendrüsen angeregt werden. Dagegen hilft das Atmen durch den Mund oder am besten direkt eine Taucherbrille aufsetzen, die über die Nase geht. So kommt der Stoff nicht in die inneren Nasenschleimhäute. Wem das zu albern ist, der sei zumindest beruhigt, dass die Schwefelverbindungen besonders gut für das Herz-Kreislauf-System sind und zudem antibakteriell wirken.

Zwiebeln kann man stecken oder säen. Da Steckzwiebeln schneller reifen und insgesamt weniger Arbeit erzeugen, machen wir es uns mit Ihnen an dieser Stelle leichter. Gesteckt wird ab April und geerntet werden kann etwa vier Monate danach. Zwiebeln sind sehr anspruchslos bei ihrer Pflege. Ein weiterer großer Vorteil ist ihre lange Haltbarkeit nach der Ernte.

DAS STECKT DRIN

- 40 kcal pro 100 g,
- Kalium,
- Schwefel,
- Vitamine B6, B7 und C.

GUTE NACHBARN

- Karotten,
- Rote Bete.

SCHLECHTE NACHBARN

- Bohnen,
- Erbsen,
- Kohlgemüse.

HILFSMITTEL

An dieser Stelle möchten wir noch schnell auf ein paar Hilfsmittel eingehen, auf die wir im Gartenjahr vor allem beim Vorziehen verschiedener Gemüsesorten zurückgreifen. Keines davon ist zwingende Voraussetzung, um mit dem Hochbeet durchzustarten, allerdings empfehlen wir sie, da diese Ihnen die Arbeit deutlich vereinfachen.

ANZUCHTTÖPFE

Es gibt sie in vielen unterschiedlichen Formen und Größen und auch aus unterschiedlichen Materialien. Wir empfehlen Ihnen auf jeden Fall irgendeine Art von Anzuchttöpfen parat zu haben, um Ihr Gemüse vorzuziehen. Da manche Pflanzen tiefer wurzeln, empfehlen wir auch einige tiefere Exemplare. Besonders praktisch sind auch biologisch abbaubare Anzuchttöpfe, da diese nach erfolgreicher Anzucht direkt mit ins Beet gesetzt werden können.

SPRÜHFLASCHE

Da viele der Samen sehr klein und leicht sind, bietet es sich an, nach dem Aussäen keine Gießkanne zu benutzen, sondern eine Sprühflasche. Der große und starke Wasserstrahl aus der Gießkanne kann die Samen sonst leicht ausspülen.

MINIGEWÄCHSHAUS

Für die Anzucht gibt es spezielle Zimmergewächshäuer. Das sind quasi Anzuchttöpfe mit einer Kuppel, die dafür sorgt, dass die Setzlinge nicht austrocknen. Für einige Pflanzen ist eine erhöhte Feuchtigkeit notwendig. Den gleichen Effekt können Sie auch mit Glassichtfolie erreichen, allerdings erleichtert Ihnen das Minigewächshaus die Arbeit.

KLOPAPIERROLLEN UND EIERKARTONS

Sie können direkt anfangen, Ihre Klopapierrollen und Eierkartons zu sammeln. Beide eignen sich gut zur Anzucht einiger Gemüsesorten und können praktischerweise direkt mit ins Beet ausgepflanzt werden, da Sie biologisch abbaubar sind.

KÜBEL

An einige Stellen empfehlen wir, Pflanzen auch außerhalb des Hochbeets in eigenen Kübel zu setzen. Für wetterempfindliches Gemüse wie Tomaten kann man so optimalere Bedingungen schaffen. Außerdem haben Sie so mehr Platz im Hochbeet für Pflanzen die wirklich nur dort wachsen. Wenn wir von Kübeln sprechen, meinen wir dabei Pflanzkübel, die mindestens über eine Höhe und einen Durchmesser von 30 cm verfügen. Bei kleineren Exemplaren können Sie nicht sicherstellen, dass Ihre Pflanzen genug Wasser und Nährstoffe erhalten.

DAS GARTENJAHR VON JANUAR BIS DEZEMBER – EIN IMMER GÜLTIGER KALENDER

Ein Garten macht Spaß, bedeutet aber auch Verantwortung für alle Pflanzen und die ‚wilden Tiere', die darin leben. Es heißt, dass im Winter die Natur ruht. Das ist mitnichten der Fall, wenn man beobachten könnte, was unterirdisch so alles geschieht. Die Pflanzen benötigen weiterhin mindestens eine Kontrolle und unsere Hilfe bei eventuellen Frostschäden oder Ähnlichem.

Deshalb haben wir eine Art Kalender für die monatlich anfallenden Gartenarbeiten zusammengestellt, der Ihnen Motivation und Hilfe sein soll und im Grunde immer Gültigkeit hat.

Wie bereits erwähnt geben wir Ihnen hier ein Beispielbeet der Maße 3 x 1,2 m, mit der genauen Bepflanzung an die Hand, an dem Sie sich orientieren können. An vielen Stellen geben wir zusätzlich Tipps, wie Sie einzelne Gemüsesorten auch platzsparender oder effizienter unterbringen können. Sollten Sie mehrere kleine Beete nutzen, können Sie unseren Plan natürlich auch auf mehrere Beete aufteilen. Es soll für Sie nur eine Orientierung darstellen, um für gute Nachbarschaftsverhältnisse in Ihrem Gemüsebeet zu sorgen. Auf dem linken Plan sehen Sie, wo wir die einzelnen Gemüsesorten im Beet planen. Auf dem rechten Plan können Sie sehen in welchen Abständen wir empfehlen, die einzelnen Pflanzen, ins Beet zu setzen.

Brokkoli | Blumenkohl

Bohnen

Pflücksalat | Mangold | Kopfsalat | Aubergine

Radieschen

Zuckererbsen

Karotten

Zwiebeln

Karotten

Frühlingszwiebeln | Lauch

Tomaten | Knoblauch | Paprika

Gurke | Sellerie | Spinat | Zucchini

Rote Bete | Fenchel

Kohl | Kohlrabi

Kartoffeln

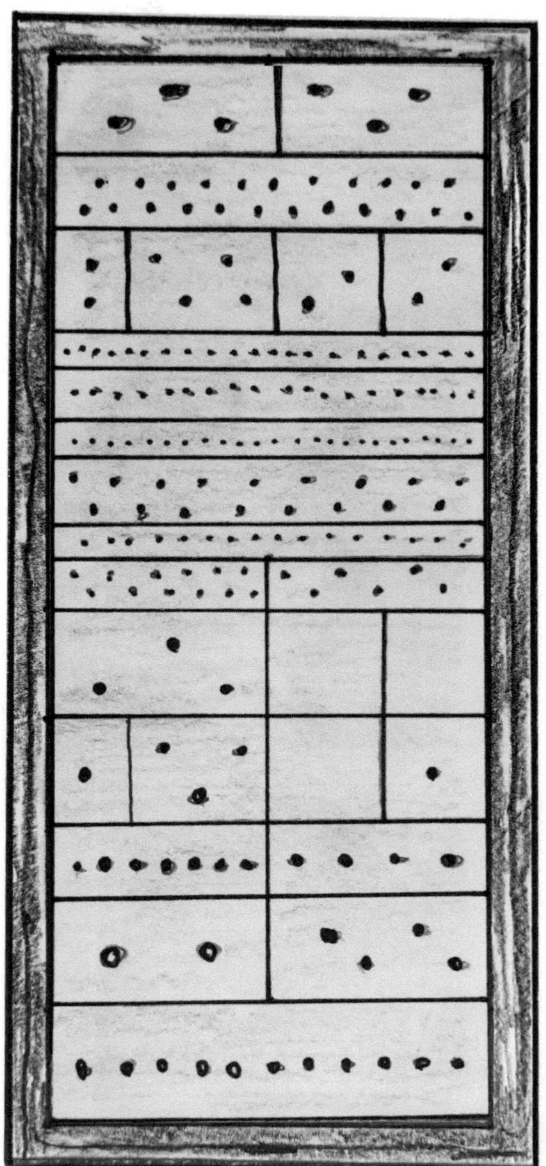

JANUAR

Generell gilt auch für alle Wintermonate, dass Sie jeden Morgen einen Rundgang durch den Garten machen sollten, um mögliche Schäden zu erkennen und Probleme sofort beheben zu können. Die Zeit am Morgen, wenn Sie die Futterhäuschen auffüllen, ist ideal für einen Gesamtcheck.

VORZIEHEN

BROKKOLI / BLUMENKOHL

Ende Januar können Sie bereits anfangen, Blumenkohl und Brokkoli vorzuziehen. Hierzu eignen sich besonders Anzuchttöpfe. Diese werden mit guter Pflanzerde oder dem Fertigkompost gefüllt und die Erde ganz leicht angedrückt. Für unser Beispielbeet reichen jeweils zwei bis drei Exemplare des Blumenkohls bzw. Brokkolis. Pro Töpfchen können Sie etwa drei Saatkörner in die Mitte legen und andrücken. Angießen geht am einfachsten mit einer Sprühflasche, da der Wasserstrahl einer Gießkanne leicht die Samen wieder ausschwemmt.

Die frische Saat soll an einem hellen Ort gestellt werden, beispielsweise die Fensterbank. Sobald die ersten Keimblätter auftauchen, können Sie sich in jedem der kleinen Töpfe für die kräftigste Pflanze entscheiden und die übrigen entfernen. Wenn Sie sehr behutsam vorgehen, können Sie die entfernten Pflanzen auch in neue Töpfe setzen.

KOPFSALATE

Auch mit dem Vorziehen von Kopfsalaten kann bereits Ende Januar begonnen werden. Bei Pflücksalaten lohnt sich die Vorzucht kaum. Allerdings können Sie diese eventuell als Fensterbank Salat ab Februar anlegen. Für die Kopfsalate, genau wie beim Brokkoli beziehungsweise dem Blumenkohl die Anzuchttöpfe mit Erde füllen, zwei bis drei Samen leicht andrücken und vorsichtig wässern.

Für unser Beispielbeet sollten auch hier zwei bis drei Pflanzen ausreichen. Wenn Sie möchten, können Sie allerdings nach vier bis sechs Wochen nochmals neue Kopfsalate vorziehen, um diese auszupflanzen, sobald sie die ersten Köpfe geerntet haben.

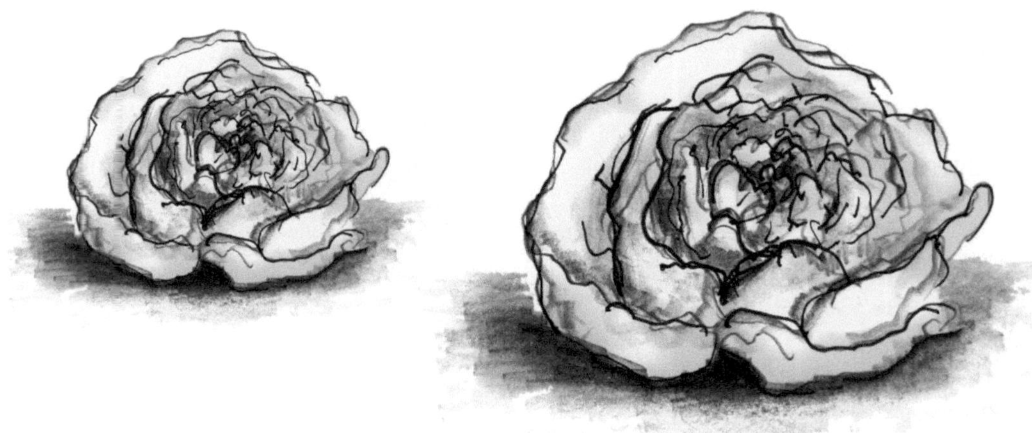

PFLEGE

- Entfernen Sie mögliche Reste der Silvesternacht sofort aus dem gesamten Garten und gegebenenfalls auch aus dem Gartenteich.
- Überprüfen Sie die Abdeckungen auf den Hochbeeten und Frühbeeten. Kontrollieren und überwachen Sie auch an den Kübelpflanzen die Ummantelung und den Abfluss regelmäßig. Entfernen Sie gegebenenfalls Eis, das sich am Abfluss gebildet hat, um ihn offen zu halten.
- Eingelagertes Obst und Gemüse sollte alle zwei Wochen kontrolliert werden – also jetzt wieder nachsehen und gegebenenfalls drehen, damit keine Druckstellen oder faule Stellen entstehen können.

- Bei eingesammelten Samen und älteren Samen aus dem Handel sollten Sie nun Keimproben vornehmen. Quellen die getesteten Samen auf, sind vermutlich auch alle anderen noch in Ordnung. Andernfalls lieber alle entfernen und neue kaufen.

ERNTE

SALATE

Sollten Sie im Vorjahr bereits Feldsalat oder andere winterfeste Salate gesät haben, können Sie selbst im Januar noch frischen Salat ernten. Sollte der Salat allerdings gefroren sein, lassen Sie ihn am besten komplett unberührt. Erst wenn er aufgetaut ist, können Sie ihn ernten. Sollten Sie den Salat in gefrorenem Zustand ernten, wird er sehr matschig nach dem Auftauen. Sie können sich natürlich auch noch etwas Ernte für den Februar übrig lassen.

KNOLLENSELLERIE

Wenn Sie sich im Folgejahr befinden und noch den ein oder anderen Sellerie in der Erde gelassen haben, können Sie diesen auch noch im Januar ernten, um so leckere Brühe für die kalten Wintermonat zu kochen. Ziehen Sie einfach die komplette Knolle aus dem Beet und trennen Sie die Wurzeln und das Grün ab. Wenn Sie die Knolle einlagern wollen, verzichten Sie darauf, diese zu waschen, da die Feuchtigkeit einen Pilzbefall bei der Lagerung begünstigt.

FEBRUAR

Auch bei frostigen Temperaturen können Sie in Garten und Haus etwas für das Gedeihen Ihrer Obst- und Beerengehölze sowie für den geplanten Gemüsegarten im Hochbeet tun. Umso einfacher wird die Gartenarbeit später. Ab dem Monat Februar wird es außerdem ernst beim Vorziehen der verschiedenen Gemüsesorten. Hier können Sie den Grundstein legen für eine frühe und reiche Ernte in den frühen Frühlingsmonaten.

VORZIEHEN

AUBERGINE

Die Aubergine ist recht anspruchsvoll in ihrem Wachstum. Vor allem ist sie ein großer Wärmeliebhaber. Das beginnt schon bei der Anzucht. Pro Anzuchttopf kommt ein Saatkorn hinzu, das etwa 1 cm tief in der Erde stecken sollte. Zur Anzucht bietet es sich an, die Auberginen direkt in ein Minigewächshaus zu setzen oder die Anzuchttöpfe mit Klarsichtfolie abzudecken, um einen ähnlichen Effekt zu erzielen. Außerdem sollte sie an einem hellen Ort in der Nähe der Heizung platziert werden, da sie am besten bei Temperaturen zwischen 20 und 25 °C keimen. Für unser Beispielbeet sollten zwei bis drei Pflanzen ausreichen, wobei die Pflanzen sich später auch wunderbar für Kübel eignen, um so einen besonders warmen und im besten Fall auch wind- und wettergeschützten Standort möglich zu machen.

BLUMENKOHL / BROKKOLI

Sollten Sie Ihren Blumenkohl oder Brokkoli noch nicht vorgezogen haben, bietet sich auch der Februar dazu an. Wie genau das geht, finden Sie im Kapitel vom Vormonat Januar.

KOHLRABI

Auch die Kohlrabisamen kommen in Anzuchttöpfe. Jeweils zwei bis drei Samen werden nur leicht mit Erde bedeckt und vorsichtig angegossen. An einem Hellen Ort, wie zum Beispiel der Fensterbank sollten sie bei Zimmertemperatur innerhalb der nächsten zwei Wochen keimen. Sobald das geschehen ist, können sie, nachdem auch hier die stärksten Pflanzen ausgesondert worden sind, an einen etwas kühleren Ort umgezogen werden. 12 °C sollten dabei aber nicht unterschritten werden. Nach vier bis sechs Wochen können Sie Folgesaaten anlegen, umso später im Jahr über mehrere Monate die Kohlrabi-Ernte zu sichern.

LAUCH

Porree oder Lauch lässt sich zwischen Februar und Mai vorziehen. Da er sehr tief, aber dafür recht langsam wächst, sind die normalen Anzuchttöpfe nicht sehr gut geeignet. Hier können Sie einen normalen Blumentopf nehmen mit einem Durchmesser von 10-15 cm. Diesen füllen Sie fast bis oben hin mit Pflanzerde oder Fertigkompost. Verteilen Sie etwa zehn Samen auf der gesamten Oberfläche und bedecken Sie diese dann etwa 1 cm mit Erde. Alternativ können Sie für Lauch wunderbar die Papprollen von Toilettenpapier oder Küchenrolle benutzen. Stellen Sie dazu einfach etwa zehn Rollen in ein geeignetes Gefäß und füllen diese dann bis 1 cm unter dem oberen Rand mit Erde. Pro Rolle kommt ein Samen hinzu und dann werden die Rollen bis obenhin mit Erde gefüllt. Der Vorteil hier, Sie können die Jungpflanzen später wunderbar mitsamt der Rolle ins Beet setzen.

SALAT

Wenn Sie vergessen haben Ihren Kopfsalat vorzuziehen, können Sie das auch in diesem Monat noch erledigen. Für die genau Schritt-für-Schritt Anleitung schauen Sie einfach beim Vormonat nach.

PAPRIKA

Paprika sollten Sie bereits Ende Februar vorziehen, da die Pflanzen sehr langsam heranwachsen. Dazu pro Samen einen Anzuchttopf mit Erde füllen. Der Samen kommt in die Mitte und wird nur ganz dünn mit Erde bedeckt. Zum Angießen können Sie bereits warmes Wasser nehmen. Die Paprika mag es zum Keimen sehr warm, gerne bis 28°. Sie kann also durchaus auf der Heizung platziert werden. Die Erde sollte dabei immer feucht, aber nicht triefend nass sein. Sobald die ersten Keimblätter sich bilden, sorgen Sie dafür, dass die Pflanzen neben der Wärme auch genug Sonnenlicht abbekommen. Die Keimdauer kann bei der Paprika aber durchaus bei zwei bis drei Wochen liegen.

WEISSKOHL / ROTKOHL

Wenn Sie Rot- und Weißkohl rechtzeitig vorziehen, ist es sogar möglich, zweimal im Jahr zu ernten. Wird der Kohl schon im Februar vorgezogen, können die ersten Jungpflanzen bereits im März ins Beet und im Mai geerntet werden. Die zweite Generation kann dann Ende März vorgezogen werden, um dann nach der ersten Ernte die Standplätze zu übernehmen.

Wie bereits bei anderen Gemüsesorten gehabt, wird Kohl am besten in Anzuchttöpfen vorgezogen. Diese mit Erde füllen und pro Topf zwei bis drei Samen hineindrücken. Nach etwa sechs bis acht Tagen sollten diese bereits keimen. Auch hier wieder pro Topf die stärkste Pflanze von den beiden anderen befreien. Bei Bedarf können die anderen wieder in separate Töpfe gepflanzt werden. Wenn Sie selbst keinen Platz haben, vielleicht freut sich ja jemand in der Familie oder Nachbarschaft über die Jungpflanzen. Für unser Beispielbeet benötigen Sie lediglich zwei Kohlköpfe, da diese relativ viel Platz im Beet belegen.

PFLEGE

- Sorgen Sie dafür, dass all Ihre Setzlinge regelmäßig gewässert werden, sodass die Erde immer leicht feucht ist.
- Wenn Sie, wie wir auch, ein großer Freund von Sonnenblumen sind, können Sie diese bereits jetzt im Haus vorziehen, um sie rechtzeitig im Frühling ins Beet setzen zu können. Das erhöht die Chancen auf einen blühenden Sommergarten, der Insekten anlockt, welche auch Ihr Gemüse und Obst bestäuben.
- Wer noch kein Frühbeet hat, kann es jetzt endlich anlegen. Bitte auch ohne Aussaat oder Pflanzen stets abdecken, damit die Erde aufgewärmt bleibt. Wer Laub und frischen Pferdemist einarbeitet, erhält schneller ein sogenanntes ‚Warmbeet'. Weitere Tipps dazu finden Sie im Kapitel über das Bauen von Hochbeeten.
- Der Frühling naht und das wissen auch die Vögel, die nach Nistplätzen suchen. Wer seine Nisthilfen nicht im Herbst gereinigt hat, sollte dies jetzt tun und alles sicher aufhängen.
- Überprüfen Sie die Winterabdeckung der Kübelpflanzen. Sie können Kübelpflanzen bei Bedarf jetzt bereits zurückschneiden, müssen sie anschließend aber neu abdecken.

MÄRZ

Im März kommt jeden Tag mehr Bewegung in den Garten. Mit einer Frühlingsdekoration können Sie ihm zusätzliche Farbe verleihen. Vergessen Sie die Osterdekoration nicht, denn das Fest findet in manchen Jahren bereits Ende März statt!

VORZIEHEN

FENCHEL

Im März können Sie nun auch mit dem Vorziehen des Fenchels beginnen. Tatsächlich lohnt es sich bei Fenchel mehrere Generationen vorzuziehen, um den Platz im Hochbeet optimal ausnutzen zu können. Die gesamte Vorzuchtzeit beträgt etwa sechs Wochen. Nach dem Auspflanzen sind die Knollen dann etwa nach acht bis zwölf Wochen erntereif. Sie können also etwa zwei Wochen nach dem Auspflanzen mit einer neue Vorzucht beginnen, um fortlaufend Fenchel ernten zu können. Das Vorziehen ist problemlos bis in den Juli hinein möglich, sodass Sie im Oktober noch frischen Fenchel ernten können.

Die Samen werden etwa 1 cm tief in die mit frischer Erde gefüllten Anzuchttöpfe gedrückt und leicht mit weiterer Erde bedeckt. Dann freuen sie sich über einen hellen warmen Ort zum Keimen. Wenn Sie wieder auf zwei bis drei Samen pro Topf zurückgreifen, können Sie diese nach etwa drei Wochen trennen und entweder auf einzelne Töpfe aufteilen oder die stärkste und größte Pflanze belassen und die anderen aussortieren. Nach den ersten drei Wochen hat es der Fenchel dann gerne etwas kühler als Zimmertemperatur. Hier wächst er dann für weitere drei Wochen, bis er ins Hochbeet gepflanzt wird. Für den vorhandenen Platz im Beet ziehen Sie am besten für jede Generation drei Pflanzen vor.

GURKEN

Wenn Sie kein Gewächshaus haben, achten Sie beim Saatgutkauf der Gurke darauf, dass diese für den Anbau im Freiland geeignet ist, da diese robuster gegenüber von Wettereinflüssen sind. Für Gurken benötigen Sie größere Anzuchttöpfe, die einen Durchmesser und eine Höhe von 10 cm haben sollten. Die Töpfe werden mit frischer Erde gefüllt und die Erde leicht angedrückt. Auch hier lohnt es sich, zwei bis drei Samen zu nehmen und diese etwa 2 cm tief in die Erde zu drücken. Nun brauchen die Gurken es warm. Im besten Fall in der Nähe der Heizung lagern. Aber Achtung, die Töpfe sollen unter keinen Umständen austrocknen, also regelmäßig die Feuchtigkeit der Erde prüfen und Gießen. Erst wenn das erste Grün aus der Erde kommt, benötigen die Töpfe Licht. Nachdem Sie sich für die kräftigste Gurkenpflanze pro Topf entschieden haben, können Sie die anderen entfernen. Jetzt kommen sie auch mit etwas weniger Wärme aus, müssen also nicht mehr direkt an der Heizung stehen.

Für das Beispielbeet ist eine Gurkenpflanze ausreichend. Allerdings sind Gurken sehr gut für Kübel geeignet. So kann man sich den Platz im Hochbeet auch sparen und einen oder mehrere Kübel für die Gurken nutzen.

KARTOFFEL

Wir geben es zu: Streng genommen werden Kartoffeln nicht vorgezogen, sondern vorgekeimt. Da wir dafür nicht extra einen neuen Abschnitt einführen wollen, hoffen wir Sie sehen es uns nach, dass wir an dieser Stelle keinen Unterschied machen.

Ab März können Sie die Saatkartoffeln offen liegen lassen. Durch das Licht werden sie damit beginnen, Triebe auszubilden. Sobald die Triebe etwa 2-3 cm lang sind, können die Kartoffeln dann ins Beet gesteckt werden.

KNOBLAUCH

Auch der Knoblauch darf vorkeimen. Ab Ende März kann man die Zehen auf feuchtem Küchenpapier vorkeimen lassen. So gibt man dem sogenannten Frühlingsknoblauch einen kleinen Anstoß, um zu seinem herbstlichen Artgenossen aufzuschließen. Die meiste Ernte fahren Sie nämlich im nächsten Jahr ein, wenn Sie Winterknoblauch im Herbst diesen Jahres auspflanzen.

KNOLLENSELLERIE

Sellerie wächst relativ langsam, deshalb sollten Sie im März bereits mit der Vorzucht beginnen. Die Anzuchttöpfchen werden mit Erde gefüllt und diese leicht angedrückt. Da Sellerie ein Lichtkeimer ist, werden die Saatkörner oben aufgelegt und nicht mit Erde bedeckt. Sie benötigen viel Feuchtigkeit zum Keimen, deshalb empfiehlt es sich, die Töpfe mit Folie zu bedecken oder ein Anzucht-Gewächshaus zu nutzen.

Für den vorgesehenen Platz in unserem Beispielbeet sind zwei Knollen ausreichend.

TOMATE

Ähnlich wie bei der Gurke empfiehlt es sich ohne Gewächshaus darüber nachzudenken, Saatgut für Freilandtomaten zu besorgen. Wenn Sie vorhaben, die Tomaten später in das ungeschützte Hochbeet zu setzen, empfehlen wir das auf jeden Fall. Wie bereits weiter vorne angesprochen, eignen sich Tomaten aber auch wunderbar für das Pflanzen in Kübeln. Hier haben Sie eine größere Flexibilität bezüglich des finalen Standorts. Auf dem sonnigen Balkon, in den Ecken eines Carports oder vor Wind und Regen geschützt an der Schuppen- oder Hauswand können Sie auch anderes Saatgut nutzen. Hier sind Sie dann auch mit der Anzahl an Tomatenpflanzen völlig frei in Ihrer Entscheidung, je nachdem, wie viele Pflanzen Sie unterbringen können und wollen.

Da Tomaten sehr zuverlässige Keimer sind, reicht ein Samen pro Anzuchttopf. Eierkartons eignen sich auch sehr gut für die Anzucht. So können die Pflanzen später mitsamt der kleinen Mulde des Kartons ins Beet oder den Kübel gesetzt werden. Die Samen werden leicht mit Erde bedeckt und mögen es gerne warm zum Keimen.

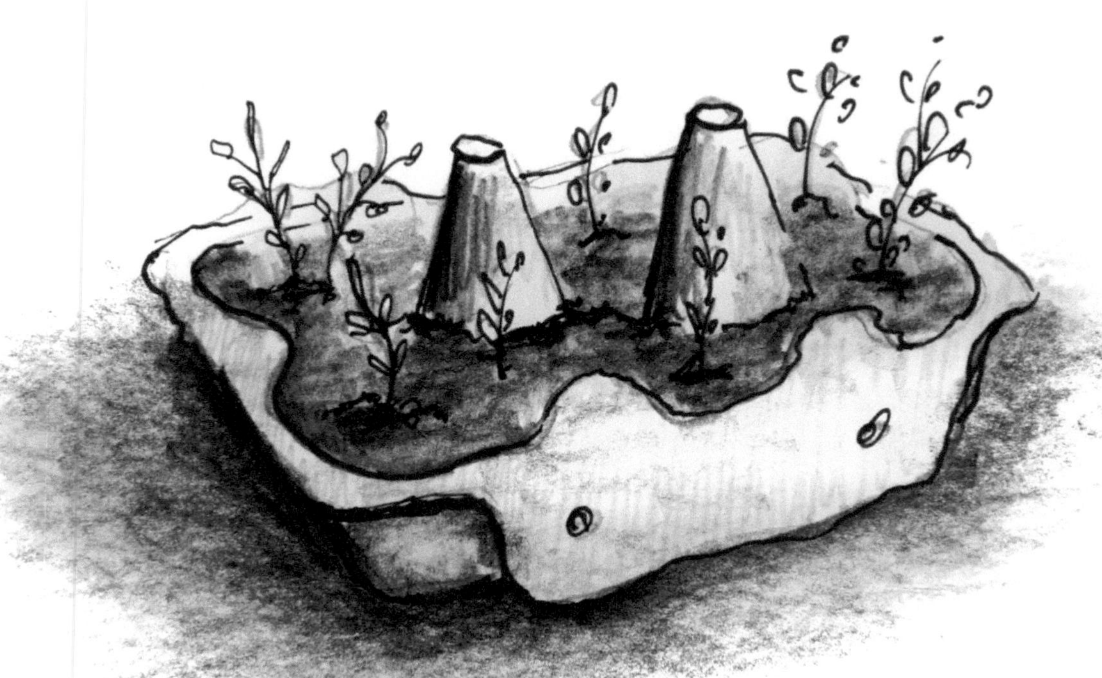

WEITERHIN MÖGLICH:

Wie bereits im Vormonat können Sie auch **Kohlrabi, Lauch** und **Weiß-,** bzw. **Rotkohl** vorziehen. Die Details hierzu finden Sie im vorigen Kapitel.

DIREKTSAAT

FRÜHLINGSZWIEBEL

Frühlingszwiebeln werden direkt ins Beet gesetzt. Mit großen Töpfen oder Pflanzkästen, haben Sie aber auch hier die Möglichkeit, den Platz im Beet anderen Sorten zu überlassen, beispielsweise dem Lauch. Das Beet wird vorbereitet indem Sie eine etwa 1-2 cm tiefe Rille ziehen. In diese werden die Samen gestreut und die Rille im Anschluss mit Erde gefüllt. Frühlingszwiebeln sind langsame Keimer, also rechnen Sie mit zehn bis 20 Tagen, bis das erste Grün sich zeigt. Dann sollten die Pflanzen auf einem Abstand von 5-10 cm vereinzeln. Wenn Sie versetzt aussäen, können Sie alle paar Wochen Folgesaaten säen. Sie können die Zeit so abpassen, dass Sie immer frische Frühlingszwiebel in der Küche haben. Eine Aussaat ist bis in den August hin möglich.

RADIESCHEN

In unserem Beispielbeet haben wir genug Platz, um zwei Reihen Radieschen zu säen. Aber auch Balkonkästen eignen sich hervorragend für die Aussaat von zwei Reihen. Diese können Sie beispielsweise auch direkt an Ihr Hochbeet hängen, um die Fläche zu vergrößern. Der Abstand zwischen den Reihen sollte etwa 10 cm betragen. Ziehen Sie dazu zwei Rillen, die etwa 1 cm tief sind und drücken alle 4-6 cm ein Saatkorn an.

Sie können sich auch dazu entscheiden, erst nur auf einem Teil der vorgesehenen Fläche zu säen und nach ein bis zwei Wochen nachzusäen. Da Radieschen nach etwa vier Wochen erntereif sind, können Sie so alle zwei Wochen bis in den September nachsäen und sind bis Oktober mit Radieschen versorgt.

SPINAT

Spinat ist sehr anspruchslos im Wachstum. Auch er eignet sich gut für Balkonkästen, falls Sie den vorgesehenen Platz im Hochbeet lieber für eine andere Gemüsesorte nutzen wollen.

Die Samen werden mit einem Abstand von etwa 5 cm gesät. Zwischen zwei Reihen von Spinat sollten dabei etwa 20 cm liegen. Bis Mai kann immer wieder nachgesät werden. Im Hochsommer allerdings neigt der Spinat zum Schießen, er bildet also Blüten aus. Deshalb sollte er komplett abgeerntet werden, bevor es dazu kommt. Ab September können Sie dann allerdings wieder neu säen, um den Winterspinat zu ernten.

AUSPFLANZEN

KOHLRABI

Ab Ende März, wenn die Kohlrabi Setzlinge bereits vier Blätter ausgebildet haben, können Sie den Kohlrabi ins Beet auspflanzen. Auf der vorgesehenen Fläche im Beispielbeet bekommen Sie vier bis fünf Pflanzen unter. Sie können die Pflanzen auch zeitlich versetzt ins Beet setzen, damit nicht alle Knollen gleichzeitig reif sind. Kohlrabi wächst sogar in größeren Balkonkästen und im Halbschatten, auch wenn sich die Knolle hier eventuell nicht ganz so groß ausbildet.

PFLEGE

- Sorgen Sie dafür, dass die Erde in den Anzuchttöpfen nicht austrocknet. Die jungen Pflanzen benötigen ausreichend Wasser.
- Da es wärmer wird, sollte nun Anfang März das restliche Laub unter Bäumen und Sträuchern entfernt werden. Auf den Beeten noch nicht überall. In der Regel kann Ende März der Winterschutz überall im Garten entfernt werden. Dazu gehören auch Laub und Reisig auf allen Beeten, die Abdeckungen der Kübelpflanzen und eventuelle Abdeckungen am Gartenteich.
- Die zarten Triebe im Hochbeet müssen weiterhin geschützt werden. Wenn Sie einen Frühbeetaufsatz nutzen, kann dieses bei Sonnenschein eine gute Stunde pro Tag belüftet werden. Prüfen Sie die Feuchtigkeit der Erde im Frühbeet!

- Kontrollieren Sie Ihre Kübelpflanzen. Unter der Abdeckung kann sich Ungeziefer angesammelt haben. Auch hier können Sie den Winterschutz entfernen, um die Pflanzen wieder an die Sonne zu gewöhnen. Ab jetzt sollten Kübelpflanzen nicht übermäßig, aber regelmäßig gegossen werden. Etwas Dünger hilft den Pflanzen im Topf beim Start in die neue Saison.

- Kontrollieren Sie Ihre Bäume und Sträucher sowie die Rosen auf abgestorbene Zweige und schneiden Sie diese heraus. Dies gilt auch für die Obstgehölze!

- Der Komposthaufen, der ein Jahr ruhte, sollte nun gesiebt und die Erde genutzt werden, um Hochbeete und Kübel wieder nachzufüllen.

- Vergessen Sie auch Ihre Zimmerpflanzen nicht. Sie sollten sie auf Schädlinge kontrollieren und ihnen eine Dusche gönnen. Das entfernt den Staub von den Blättern und die Pflanzen werden wieder frischer.

APRIL

Der April kann Ihnen als Selbstversorger im wahrsten Sinne die Ernte verhageln, wenn Sie Ihre Pflanzen nicht schützen. Wenn Sie bereits in Pflanzkästen vorgezogene Setzlinge haben, sollten Sie diese zur Sicherheit abdecken. Deshalb kann es immer sinnvoll sein, alle Pflanzen im Frühbeet vorzuziehen und vielleicht mehr als ein Frühbeet anzulegen. Darin wachsen Ihre Gemüsepflanzen und Kräuter geschützt zu kräftigen Setzlingen heran.

VORZIEHEN

BUSCHBOHNEN / KIDNEYBOHNEN

Für das Vorziehen von Busch- und Kidneybohnen eignen sich die Papprollen von Toilettenpapier und Küchenrolle wieder sehr gut. Füllen Sie die Rollen bis knapp unter den oberen Rand mit frischer Erde und stecken Sie pro Rolle einen Samen der Buschbohne oder Kidneybohne etwa 5 cm tief in die Erde und wässern sie. Für das Beispielbeet haben wir eine komplette Spalte für die Bohnen eingeplant, also je eine halbe Spalte für beide Sorten. Der Abstand zwischen den Pflanzen sollte etwa 10 cm betragen. Es können also zwei Reihen à sechs Pflanzen eingeplant werden. Nach knapp zehn Tagen sollten die Samen keimen.

KÜRBIS

Kürbisse lassen sich ab Mitte April vorziehen. Dazu sollten Sie kleine Töpfe verwenden mit 5-7 cm Durchmesser. Mit frischer Erde füllen und jeweils einen Samen in etwa 2 cm Tiefe pflanzen. Gut wässern. Bedenken Sie, dass Kürbisse sehr viel Platz brauchen. Im Beispielbeet haben wir keinen speziellen Platz für Sie vorgesehen, im besten Fall suchen Sie sich eine Ecke aus und lassen die Pflanze über den Rand aus dem Beet herauswuchern. Ansonsten würde der Kürbis die anderen Pflanzen am Wachsen hindern. Da er ein Starkzehrer ist, fühlt sich der Kürbis aber auch sehr wohl in direkter Nähe oder sogar auf dem Kompost.

ZUCCHINI

Auch die Zucchini benötigt relativ viel Platz, weswegen wir für unser Beispielbeet nur eine Pflanze geplant haben. Diese sollte, wenn möglich auch über den Rand des Hochbeets wachsen, um den anderen Pflanzen nicht die Sonne zu stehlen. Zucchini müssen nicht zwingend vorgezogen werden. Falls Sie sie vorziehen wollen, nehmen Sie wieder zwei bis drei Samen pro Anzuchttopf und vereinzeln diese auf die kräftigste Pflanze.

ZUCKERERBSEN

Zuckererbsen müssen auch nicht zwingend vorgezogen werden. Sie können Sie ab dem Monat Mai auch direkt aussehen. Durch das Vorziehen können Sie ihnen allerdings einen kleinen Wachstumsvorsprung verschaffen. Füllen Sie die Anzuchttöpfe mit Erde und drücken Sie pro Topf drei Samen etwa 1 cm tief in die Erde. Hier müssen die Pflanzen nach dem Keimen nicht vereinzelt werden.

WEITERHIN MÖGLICH

Wie bereits in den Vormonaten können Sie auch im April weiterhin Gurken, Sellerie, Lauch und Kohl vorziehen.

DIREKTSAAT

FENCHEL

Wenn Sie keine Zeit oder Lust hatten Fenchel vorzuziehen, ist ab April nun auch eine Direktsaat im Hochbeet möglich. Beachten Sie dabei, dass die einzelne Knolle etwa den Platz von 30 x 30 cm benötigt. Im Beispielbeet bekommen Sie also zwei bis drei Knollen unter. Wenn Sie sich an den bei der Vorzucht des Fenchels vorgestellten Rhythmus halten, können Sie mehrmals pro Jahr frische Knollen ernten. Säen Sie zwei bis drei Samen und bedecken diese nur leicht mit Erde. Danach noch vorsichtig angießen, damit die Samen nicht ausgeschwemmt werden.

KAROTTEN

In unserem Beispielbeet haben wir zwei Reihen Karotten geplant, die jeweils an der Außenseite der Zwiebeln gepflanzt werden. Karotten und Zwiebeln sind ein prima Team, da sich gegenseitig den jeweiligen Schädling vom Hals halten. Säen Sie die beiden Reihen mit einem Abstand von 2-3 cm pro Samen. Diese werden etwa 1-2 cm tief in den Boden gedrückt. Anschließend vorsichtig aber reichlich wässern.

KARTOFFELN

Die Kartoffeln sollten mittlerweile gut vorgekeimt sein und Triebe mit einer Länge von über 2 cm ausgebildet haben. Am einfachsten ziehen Sie eine 10 cm tiefe Furche in den vorgesehenen Ort im Beet und legen Sie die vorgekeimten Kartoffeln im Abstand von 8-10 cm hinein, sodass die Triebe nach oben zeigen. Füllen Sie dann die komplette Furche mit Erde auf. Beobachten Sie die Stelle im Hochbeet über die nächsten Tage. Sobald die ersten grünen Triebe durch die Erde stoßen, bietet es sich an, die Kartoffeln anzuhäufen. Dazu können Sie die Erde von beiden Seiten der Reihe zusammen mit frischer Erde zu einem Wall auf die Pflanzen schütten. Je nach Beschaffenheit des Beetes können Sie das noch ein bis zweimal wiederholen, wenn die Triebe der Pflanzen wieder durch die Erde stoßen. Sie sorgen so dafür, dass die Pflanzen höher austreiben. Am Ende wird die Pflanze über die gesamte Länge Knollen bilden. Durch das Anhäufeln erhöhen Sie also Ihren späteren Ernteertrag.

KNOBLAUCH

Wie bei der Zwiebel werden die Knoblauchzehen aufrecht in die Erde gesteckt, sodass die obere Spitze aus der Erde guckt. Prüfen Sie, ob die Erde ausreichend feucht ist, ansonsten gießen Sie die frisch gesteckten Zehen vorsichtig. Knoblauch wächst auch gut in kleinen Blumentöpfen oder Balkonkästen, falls Sie sich den Platz im Hochbeet für andere Gemüsesorten sparen möchten. Die Töpfe sollten dann aber auf jeden Fall an sehr sonnigen Orten untergebracht werden, denn der Knoblauch mag es sehr warm und sonnig.

MANGOLD

Ab Mitte April kann der Mangold direkt ins Hochbeet gesät werden. Wenn Sie ihn in leicht versetzte Reihen Pflanzen, bekommen Sie in unserem Beispielbeet vier Pflanzen unter, da sie etwa 20-25 cm Abstand zueinander benötigen. Säen sie ruhig zwei bis drei Samen pro Standort und vereinzeln diese nach dem Keimen, indem Sie die kräftigste Pflanze stehen lassen und die anderen entfernen.

ROTE BETE

Um die Rote Bete zu säen, ziehen Sie eine 2-3 cm tiefe Furche am vorgesehenen Standort im Beet und säen entlang der Furche die Samen ein. Bedecken Sie die Vertiefung anschließend mit Erde und gießen Sie das frisch gepflanzte Saatgut. Wenn sich die ersten Blätter ausbilden, vereinzeln Sie die Pflanzen, sodass jede übrig gebliebene Pflanze etwa 8-10 cm Platz hat.

SALAT

Da wir die Kopfsalate vorgezogen haben, empfehlen wir nun im April, die Pflücksalate direkt ins Hochbeet zu säen. Wie bereits zuvor erwähnt, wachsen die Pflücksalate auch sehr gut in Balkonkästen, entweder direkt am Küchenfenster oder als Erweiterung außen am Hochbeet befestigt. Die Samen werden einfach leicht angedrückt. Sehr vorsichtig angießen, um sie nicht direkt auszuschwemmen. Pflücksalate können relativ eng aneinander gesät werden, sodass später alle 10 cm eine Pflanze steht.

Falls Sie den Kopfsalat nicht vorziehen konnten, können Sie auch diesen nun direkt ins Beet säen. Das Vorgehen ist dasselbe, außer dass Sie hier auf einen ausreichend großen Abstand von etwa 30 cm zwischen den Pflanzen achten müssen.

ZWIEBELN

Die Zwiebeln werden an ihren vorgesehenen Platz zwischen den beiden Reihen der Karotten gesteckt. Sie können zwei Reihen mit dem Abstand von etwa 20-25 cm stecken. In den Reihen sollten Sie einen Abstand von 5-10 cm lassen. Der obere Teil der Zwiebel sollte dabei aus der Erde schauen.

WEITERHIN MÖGLICH

In diesem Monat können Sie weiterhin **Frühlingszwiebeln, Radieschen** und **Spinat** aussäen. Beachten Sie die zuvor genannten Möglichkeiten des zeitversetzten Säens, um dauerhaft frisches Gemüse ernten zu können.

AUSPFLANZEN

BLUMENKOHL / BROKKOLI

Die vorgezogenen Blumenkohl- und Brokkolipflanzen sind jetzt bereit, ins Beet zu wandern. Beachten Sie, dass beide Pflanzen relativ viel Platz von 40-50 cm benötigen. Wenn Sie zwei leicht versetzte Reihen bilden, sollten Sie in unserem Beispielbeet je zwei Exemplare unterbringen können. Seien Sie beim Auspflanzen vorsichtig, um die Wurzeln der Jungpflanzen nicht zu verletzen. Nachdem Sie fest im Beet stehen, gießen Sie die Pflanzen auf jeden Fall an.

FENCHEL

Wenn Sie Fenchel vorgezogen haben, ist nach etwa sechs Wochen der Zeitpunkt gekommen, um diese ins Beet auszupflanzen. Beachten Sie auch hier, wie bei der Direktsaat, jeder Pflanze etwa 30 cm Platz zu lassen, damit sich möglichst große Knollen ausbilden können. Sie sollten außerdem darauf achten, die Pflanzen nicht zu tief in die Erde zu setzen, sodass auch hier das Knollenwachstum nicht behindert wird.

LAUCH

In unserem Beispielbeet setzt der Lauch die Reihe der Frühlingszwiebeln fort. Wenn Sie den Lauch wie empfohlen in den Toilettenpapier-Rollen vorgezogen haben, schaffen Sie im Beet im Abstand von etwa 15 cm Löcher, in welche Sie die Jungpflanzen mitsamt der Papprolle einsetzen und leicht mit Erde bedecken. So sollten Sie fünf bis sechs Stangen Lauch im Beet einpflanzen können.

SALAT

Wenn Sie Kopfsalate vorgezogen haben, ist nun im April der Zeitpunkt gekommen, um diese ins Beet zu setzen. Diese sollten mittlerweile fünf oder mehr Blätter haben und können mit Abstand von etwa 30 cm zueinander an den vorgesehenen Platz im Beet gesetzt werden. Nach dem Auspflanzen ausreichend gießen und die Erde weiterhin feucht halten.

WEISSKOHL / ROTKOHL

Die Setzlinge des vorgezogenen Weiß- und Rotkohl sollten mittlerweile auch drei bis vier Blätter haben und sind bereit für den Umzug ins Hochbeet. Wie seine Artverwandten, der Brokkoli und Blumenkohl benötigen auch diese beiden Kohlsorten ziemlich viel Platz. So sollten zwischen beiden Pflanzen etwa 45-50 cm Abstand liegen. So können Sie sich je einen Rot- und einen Weißkohl heranziehen.

Weiterhin können Sie diesen Monat die Setzlinge des K**ohlrabis** ins Beet auspflanzen, falls noch nicht geschehen.

PFLEGE

- Wenn sich beim **Knollensellerie** das erste Grün zeigt, kann die Folie von den Anzuchttöpfen entfernt werden.
- Wenn der Winterschutz bislang noch nicht entfernt werden konnte, sollte er jetzt abgenommen, gereinigt und verstaut werden.
- Wer einen Brunnen mit einer elektrischen Pumpe hat, kann diese nun aus dem Winterlager hervorholen und anschließen. Das Gerät sollte aber weiterhin zum Schutz vor Regen und Schmutz abgedeckt werden.
- Die Regentonnen brauchen eine Reinigung – ebenso wie alle Regenrinnen. Sollten Sie noch kein Regenwasser haben, füllen Sie die Tonnen zur Hälfte mit etwas Brunnenwasser. Das stabilisiert die Tonnen und sie haben für die Gießkannen schon etwas Wasser im Garten zur Verfügung.

MAI

Der Wonnemonat Mai beinhaltet auch die sogenannten Eisheiligen. Bis dorthin ist weiterhin Vorsicht vor Nachtfrost geboten. Die Eisheiligen dauern in der Regel fünf Tage in der Zeit vom 11. bis 15. Mai – auch wenn in einigen Magazinen von nur drei Tagen die Rede ist. Die Namen der Eisheiligen: Mamertus, Pankratius, Servatius, Bonifatius und Sophie. Dennoch gibt es in Garten und Hochbeet reichlich zu tun!

VORZIEHEN

Falls noch nicht geschehen oder um eine dauerhafte Ernte zu sichern, können Sie in diesem Monat weiterhin **Buschbohnen, Kidneybohnen, Fenchel, Kürbis** und **Zucchini** vorziehen. Die Details dazu lesen Sie bitte im entsprechenden Kapitel der Vormonate nach.

DIREKTSAAT

BUSCHBOHNEN / KIDNEYBOHNEN

Sollten Sie nicht dazu gekommen sein Busch- und Kidneybohnen vorzuziehen, können Sie beide auch nach den Eisheiligen direkt ins Beet säen. Lassen Sie hierbei zwischen zwei Reihen 20 cm Abstand und innerhalb der Reihe einen Abstand 10-20 cm pro Pflanze.

KOHLRABI

Wenn Sie Ihren Kohlrabi nicht vorgezogen haben, ist das nur halb so schlimm, denn nach den Eisheiligen können Sie auch diesen direkt ins Beet säen. Achten Sie darauf, dass zwischen den einzelnen Samen etwa 25 cm Abstand bestehen bleibt. Die Samen werden wie bei der Anzucht nur leicht mit Erde bedeckt und vorsichtig, aber reichlich bewässert.

ZUCCHINI

Ab Anfang Mai können Sie Zucchini auch direkt ins Hochbeet oder wie zuvor bereits vorgeschlagen, in einen eigenen Kübel pflanzen. Hierzu legen Sie zwei bis drei Samen etwa 3 cm tief in die Erde und gießen Sie sie vorsichtig an. Sobald die Pflanzen sichtbar werden, vereinzeln Sie diese auf die kräftigste Pflanze. Die anderen beiden freuen sich über einen eigenen Topf, entweder bei Ihnen im Garten oder sonst auch bei den Nachbarn, wenn Sie die Pflanzen nicht entsorgen wollen.

ZUCKERERBSEN

Auch die Zuckererbsen können ab Anfang Mai direkt ins Beet gesät werden, um so ein Vorziehen zu vermeiden. Ziehen Sie im Hochbeet am vorgesehen Platz zwei Rillen mit der Tiefe von 2-3 cm und dem Abstand von 5-10 cm ein und säen Sie in den Rillen jeweils die Erbsen mit einem Abstand von etwa 5 cm zueinander ein. Bedecken Sie die Samen im Anschluss mit Erde und gießen Sie die Aussaat vorsichtig an.

WEITERHIN MÖGLICH

Wie bereits in den Vormonaten können Sie im Mai auch weiterhin **Frühlingszwiebeln, Karotten, Kartoffeln, Mangold, Radieschen, Rote Bete, Salat, Spinat** und **Zwiebeln** aussäen. Die Details lesen Sie bitte in den entsprechenden Kapiteln der Vormonate nach.

AUSPFLANZEN

AUBERGINEN

Da Auberginen den Tomaten sehr ähnlich sind, mögen auch Sie viel Wärme und keine große Feuchtigkeit. Deshalb bietet es sich hier auch an, die Auberginen in einen einzelnen Topf zu setzen und diesen an einen wind- und regengeschützten Standort zu stellen. Vor den Eisheiligen sollten Sie Ihre Jungpflanzen bereits abhärten, also einige Stunden pro Tag nach draußen auf Balkon- oder Terrasse stellen. Über Nacht holen Sie sie aber auf jeden Fall wieder ins Haus, da vor den Eisheiligen nach wie vor Frostgefahr besteht. Ab Mitte Mai können die Auberginepflanzen dann direkt ins Hochbeet an die vorgesehene Stelle gesetzt werden oder eben, wie beschrieben, in je einen eigenen Kübel umziehen.

BUSCHBOHNEN / KIDNEYBOHNEN

Auch die Bohnen können nach den Eisheiligen ins Beet umziehen. Wenn Sie diese wie beschrieben in Toilettenpapierrollen vorgezogen haben, setzen Sie diese einfach in zwei Reihen mit einem Abstand von jeweils 10 cm zueinander ins Hochbeet ein. Da es sich auch bei der Kidneybohne um eine Buschbohne handelt, benötigen beide Sorten keine Rankhilfe.

GURKEN

Auch die vorgezogenen Gurkenpflanzen können ins Beet wandern, wenn keine Frostgefahr mehr besteht. In unserem Beispielbeet haben wir einen Randstandort herausgesucht, sodass die Gurke sich am Rand des Hochbeets ranken kann, möglichst ohne dabei die anderen Gemüsesorten zu stören. Wie bereits angesprochen eignen sich Gurken auch sehr gut für das Pflanzen in einem großen Kübel. Hier können Sie – je nach Standort – beispielsweise über das Balkongeländer oder den Gartenzaun ranken.

KNOLLENSELLERIE

Die beiden vorgezogenen Pflanzen kommen mit einem Abstand von etwa 30 cm an den vorgesehenen Platz im Hochbeet. Achten Sie darauf, dass Sie die Wurzeln der jungen Pflanzen nicht verletzen und dass die Pflanze nicht zu tief eingepflanzt wird.

PAPRIKA

Da Paprika sehr kälteempfindlich sind, dürfen auch sie erst nach den Eisheiligen, also ab Mitte Mai ins Beet. Bevor es soweit ist, sollten Sie jeden sonnigen und warmen Tag im Mai dazu nutzen Ihre Paprikapflanzen abzuhärten. Dazu stellen Sie die Töpfe tagsüber einige Stunden raus in die Sonne. Aber über Nacht müssen sie auf jeden Fall wieder rein ins Warme. Die Jungpflanzen werden recht tief eingepflanzt, so dass die Erde bis zu den Keimblättern geht. Wenn Ihr Beet Wind ausgesetzt ist, können Sie einen kleinen Stab zur Stütze der Pflanzen einstecken.

TOMATEN

Ab Mitte Mai dürfen auch die vorgezogenen Tomatenpflanzen an die frische Luft. Wenn es Wildtomatensorten sind, entweder direkt ins Hochbeet oder bei empfindlicheren Sorten lieber direkt in einen eigenen Kübel. Dieser kann dann an einem sonnigen, aber geschützten Ort untergestellt werden. Tomatenpflanzen mögen nämlich weder starke Winde noch viel Regen. Wer ein Gewächshaus hat, pflanzt die Tomaten am besten dort, hier ist Wahrscheinlichkeit viel höher, eine ertragreiche Ernte einzufahren. Ansonsten die Kübel geschützt an Haus- oder Schuppenwand, auf den Balkon oder unter ein Carport stellen, wo sie vor den heftigsten Wettereinflüssen geschützt sind, aber trotzdem noch ein paar Sonnenstunden pro Tag abbekommen.

Achten Sie beim Auspflanzen darauf, die Tomate sehr tief einzupflanzen. Dadurch bildet die Pflanze zusätzliche, sogenannte Adventivwurzeln, die größere Pflanzen später besser stabilisieren. Im Beet sollten Sie etwa 50 cm Abstand zwischen den jeweiligen Tomatenpflanzen lassen. Pro Kübel sollte entsprechend nur eine Pflanze gepflanzt werden.

ZUCCHINI

Wenn Sie sich dazu entschieden haben, Ihre Zucchini vorzuziehen, kann auch diese nach den Eisheiligen ins Beet oder den entsprechenden Kübel umziehen. Ähnlich wie bei der Tomate hat die Zucchini sehr große Platzansprüche. Entsprechend passt nur eine Pflanze auf den vorgesehenen Platz im Beet. Der Anbau in großen Kübeln ist aber auch möglich und bietet mehr Flexibilität. Achten Sie beim Auspflanzen darauf die komplette Pflanze mit allen Wurzeln unbeschädigt und ausreichend tief einzupflanzen.

ZUCKERERBSEN

Sollten Sie Ihre Zuckererbsen vorgezogen haben, können Sie diese nun in der gleichen Struktur wie der Direktsaat auspflanzen. Dazu ziehen Sie zwei gerade Rillen und setzen Sie die Jungpflanzen am besten mit Versatz so in die Rillen, dass innerhalb der Rille etwa 5 cm zwischen den einzelnen Pflanzen sind.

PFLEGE

- Lockern Sie die Erde in den Gartenbeeten nun überall und prüfen Sie Ihre Beete auf Unkraut. Wenn Sie fündig werden, entfernen und entsorgen Sie das Unkraut. **Aber Achtung**, nicht auf Ihren gewöhnlichen Kompost, denn so holen Sie sich im nächsten Jahr erneut die Samen des Unkrauts in Ihre Pflanzerde. Kompostieren Sie Ihr Unkraut am Besten separat und nutzen Sie diese Erde nicht für Ihre Hochbeete.

- Die **Zuckererbsen** sind rankende Pflanzen und benötigen Ihre Unterstützung beim Klettern. Sie können viele Dinge nutzen, Zweige, Stäbe und weiteres, an denen sich die kleinen Erbsen festhalten können. Wir empfehlen ein Gitter. Entweder ein stabiles Rankgitter aus Metall, das von alleine im Beet hält oder Hasendraht, den Sie an beiden Enden des Beets mit Kabelbinder an einem Stab befestigen, der tief in der Erde steckt und die nötige Stabilität bringt. Das Gitter können Sie im besten Fall genau zwischen den beiden gesäten oder gepflanzten Reihen platzieren, sodass die Erbsen von beiden Seiten herankommen.

- Je nach Größe der **Tomaten-** und **Gurkenpflanzen** können Sie auch für diese Rankhilfen organisieren. Auch hier funktioniert ein eigener Stab pro Pflanze in Kübel oder Hochbeet. Sollten Sie für Ihre **Gurken** keinen passenden Gartenzaun oder Balkongeländer als Rankhilfe haben, gibt es auch spezielle Rankhilfen für Kübel im Fachhandel zu kaufen.

- Wenn die **Bohnenpflanzen** eine gewisse Höhe im Beet erreicht haben, können Sie diese anhäufeln. Das bedeutet, dass Sie mit den Händen von beiden Seiten etwas Erde zur Pflanze drücken, um so einen kleinen Wall zu errichten, der die Pflanze schützt.
- Prüfen Sie Ihre **Kartoffelpflanzen** regelmäßig auf den Befall von Kartoffelkäfern. Die Kartoffelkäfer selbst sind etwa einen halben Zentimeter groß und haben gelb-schwarz gefärbte Flügel. Die Larven sind rötlich gefärbt. Sollten Sie Kartoffelkäfer auf Ihren Pflanzen finden, hilft leider nur das Absammeln und töten dieser und ihrer Larven. Das ist zwar etwas ekelig, aber die einzige effektive Methode. Zudem sollten Sie dann regelmäßig die Unterseite der Blätter prüfen. Dort legen die Kartoffelkäfer Eier. Die Eier sind gelb-orange. Auch diese müssen beseitigt werden. Sie können Sie einfach zwischen den Blättern zerdrücken.
- Ihre Kübelpflanzen brauchen bei zunehmender Wärme mehr Aufmerksamkeit, deshalb sollten Sie regelmäßig gießen.
- Die gegebenenfalls vorgezogenen Sommerblumen nun in den Garten gesetzt werden.
- Ihren Kübelpflanzen müssen Sie nun mehr Aufmerksamkeit widmen und sie regelmäßig auf Schädlingsbefall kontrollieren.

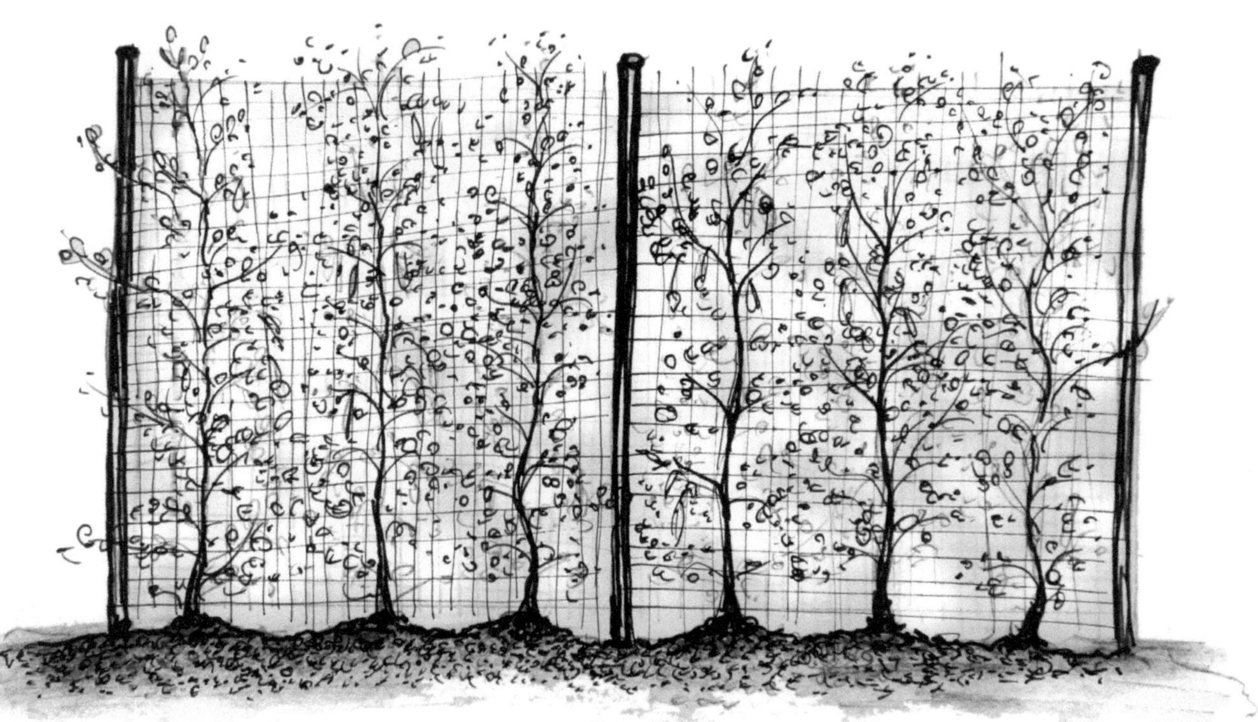

ERNTE

RADIESCHEN

Endlich ist es soweit. Wenn Sie dieses Jahr erst mit Ihrem Hochbeet durchstarten, kommt Anfang Mai der erste Erntezeitpunkt. Die Radieschen sollten mittlerweile einen Durchmesser von 2-3 cm entwickelt haben. Egal ob im Hochbeet oder in Balkonkästen, ziehen Sie die Radieschen einfach am Grün aus der Erde heraus. Im Frühjahr haben Sie knapp zwei Wochen Zeit, um den richtigen Erntezeitpunkt zu treffen, im Hochsommer sind es sogar nur fünf Tage. Lieber etwas zu früh ernten, denn wenn Sie zu lange warten, riskieren Sie holzige Radieschen, die kaum noch genießbar sind.

Überall, wo Sie Ernten können Sie auch neue Radieschen nachsäen. Damit können Sie sogar schon knapp eine Woche vor Ernte beginnen, da dies in etwa die Keimzeit für Radieschen ist.

JUNI

Wird es im Juni noch einmal kalt, nennt eine alte Bauernregel dies die Schafskälte. Sie gilt als Wetterphänomen, das zwischen dem 4. bis 20. Juni aufgrund von nordischen Kaltströmen auftreten kann.

VORZIEHEN

Im Juni endet für die meisten Gemüsesorten die Saison für das Vorziehen. Einzig den **Fenchel** können Sie weiterhin vorziehen, um die Jungpflanzen auszupflanzen, wenn Sie die bestehenden Knollen geerntet haben. Die Details dazu finden Sie im Kapitel zum Monat März.

DIREKTSAAT

KÜRBIS

Sollten Sie sich gegen das Vorziehen von Kürbissen entschieden haben, besteht Anfang Juni auch die Möglichkeit der Direktsaat. Da Kürbisse sehr viel Platz benötigen und sehr lange Ranken haben, empfehlen wir für die Pflanzung im Hochbeet eine Ecke des Beets auszusuchen. Hierfür zwei bis drei Saatkörner etwa 2 cm tief in die Erde drücken und angießen. Sobald die Saatkörner keimen, reduzieren Sie sie auf die kräftigste Pflanze. Sobald sich Ranken bilden, führen Sie diese über den Rand des Beetes hinaus. So können Sie dafür sorgen, dass der Kürbis nicht die anderen Pflanzen zurankt, sondern außerhalb des Beetes genug Platz für Blätter, Blüten und Früchte hat. Falls Sie einen eigenen Komposthaufen haben, bietet es sich auch an, Kürbis direkt in den Kompost oder an seinem Rand zu säen. Als Starkzehrer hat er so all die erforderlichen Nährstoffe, die er braucht, zur Verfügung. Gleichzeitig hübscht die Pflanze eventuell den unansehnlichen Komposthaufen auf.

WEITERHIN MÖGLICH

Im Juni können Sie auch weiterhin **Fenchel, Frühlingszwiebeln, Karotten, Kohlrabi, Radieschen, Rote Bete, Salat, Zucchini** und **Zwiebeln** säen. Achten Sie darauf, dass in diesem Monat der **Spinat** völlig abgeerntet werden kann und Sie somit neue Freifläche im Hochbeet zur Verfügung haben. Da im September oder Oktober der Winterspinat gesät werden kann sollten Sie sich allerdings ein Gemüse aussuchen, das innerhalb von drei bis vier Monaten erntereif ist. Wir empfehlen dafür vorgezogenen **Fenchel** oder frisch ausgesäten **Salat, Kohlrabi** oder **Radieschen**. Auch **Frühlingszwiebeln** sind eine denkbare Alternative.

AUSPFLANZEN

KÜRBIS

Wenn Sie Ihren Kürbis vorgezogen haben, können Sie auch die Jungpflanzen mit einigem Wachstumsvorsprung gegenüber den frisch gesäten Artgenossen auspflanzen. Hier gilt eigentlich das gleiche wie bei der Direktsaat. Die Pflanzen fühlen sich sehr wohl auf oder um den Kompost. Im Hochbeet müssen Sie sich für eine Ecke entscheiden und dafür sorgen, dass die Ranken außerhalb des Hochbeets wuchern.

WEITERHIN MÖGLICH

Sollten Sie noch vorgezogene Pflanzen von **Busch- und Kidneybohne, Fenchel, Knollensellerie, Tomaten** oder **Zucchini** haben, können auch diese im Juni den Weg ins Beet oder den entsprechenden Kübel finden. Vorausgesetzt natürlich, dass Sie auch ausreichend Platz für die ausgewachsenen Pflanzen haben.

PFLEGE

- Die **Tomaten** bilden Seitentriebe an bereits bestehenden Trieben. Das bedeutet, dass neue Blätter aus den "Achseln" der Pflanze wachsen. Wenn Sie diese ab jetzt regelmäßig ausbrechen, wird die spätere Ernte höher ausfallen, da sich die Pflanze ihre Kräfte dann auf die Früchte der übrigen Arme konzentrieren kann. Das nennt man unter den Gemüseprofis ausgeizen. Prüfen Sie außerdem, ob die Stütze, die Sie Ihren Tomatenpflanzen zur Verfügung gestellt haben, noch ausreichend ist oder ob die Pflanze besser gestützt werden muss. Hilfreich sind auch Schnüre, wenn Sie dies über der Pflanze befestigen können und dann spiralförmig an ihr entlang nach unten führen, wo Sie sie kurz über der Erde an den Stil der Pflanze binden.
- Bereits abgeerntete Beete wie beispielsweise die des früh ausgesäten **Spinats**, können neu bepflanzt werden, nachdem Sie die Erde einmal durchgehackt haben.
- Kontrollieren Sie die **Bohnen** und häufeln Sie sie neu an, wenn sich das anbietet.
- Wer seine **Tomatenpflanze**n lieber im Gewächshaus zieht oder zu wenig bestäubende Insekten im eigenen Garten vorfindet, der sollte sie dort regelmäßig zur Mittagszeit sanft schütteln. Da die Pflanzen sich selbst bestäuben können, gelangen die Pollen durch die Bewegung zum Stempel in der Blüte. Eine elektrische Zahnbürste, die kurz an jede Blüte gehalten wird, soll noch effektiver sein.

- Ein Gewächshaus mit **Tomaten** muss oft gelüftet werden, da die Tomaten keine hohe Luftfeuchtigkeit vertragen.
- Prüfen Sie immer wieder die **Kürbispflanze** und führen Sie die Ranken über den Rand des Hochbeets hinaus. Fixieren Sie widerspenstige Ranken dabei ruhig mit Stöcken oder Stäben, die Sie in die Erde stecken.
- Die **Aubergine** benötigt viel Feuchtigkeit, da sie viel Wasser über Ihre großen Blätter ausdünstet. Aber immer nur von unten gießen. Feuchtigkeit von oben wie auch zu viel Regen mag sie nämlich gar nicht.
- Die **Kartoffel** ist eine der wenigen Pflanzen, die nicht sehr viel Wasser benötigt. Sollte es vorkommen, dass es über Wochen hinweg nicht regnet, reicht das Gießen einmal pro Woche. Aber denken Sie weiterhin daran, Ihre Pflanzen auf Kartoffelkäfer zu prüfen.
- Prüfen Sie regelmäßig, wohin Ihre **Gurkenpflanzen** ranken und unterstützen Sie sie dabei in die von Ihnen angedachte Richtung zu ranken.
- Es lohnt sich die **Paprika** alle 3-4 Wochen mit einem organischen Dünger zu versorgen.

ERNTE

FENCHEL

Etwa drei Monate nach der Pflanzung ist der erste Fenchel bereit, geerntet zu werden. Die Knolle sollte bereits eine gute Größe haben, aber sich nicht in die Länge strecken. Tut sie das, beginnt der Fenchel zu schießen. Das bedeutet, er geht in die Blütenbildung über. Die Knolle wird dann meist fasrig und hart. Die Erde um den Fenchel deshalb immer gut feucht halten. Eventuell lohnt es sich hier zu Mulchen, also eine dünne Schicht Rindenmulch ausbringen, um die Feuchtigkeit im heißen Sommer länger im Boden zu halten. Die Knolle sollten Sie dann ernten, so lange sie noch schön rundlich ist. Einfach mit einem scharfen Messer knapp über dem Boden durchschneiden. Sollten Sie weitere Fenchelpflanzen vorgezogen haben, können Sie diese nun direkt nebenan auspflanzen.

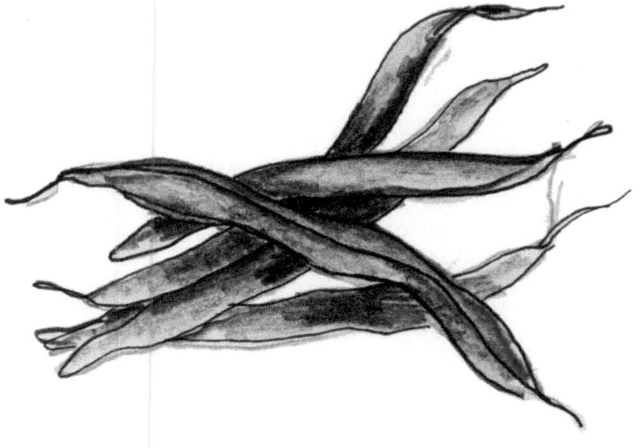

FRÜHLINGSZWIEBELN

Im Juni ist es soweit, die ersten Frühlingszwiebeln können geerntet werden. Bei der klassischen Ernte ziehen Sie einfach die komplette Pflanze aus dem Boden. Das sollte relativ einfach möglich sein. Bei widerspenstigeren Wurzeln versuchen Sie die Frühlingszwiebel in verschiedene Richtungen zu wackeln und dabei zu ziehen. Sie können nun an der abgeernteten Stelle direkt neue Frühlingszwiebeln nachsäen, oder Sie probieren sich einmal an unserer etwas anderen Erntemethode.

Eine alternative Ernte-Methode ist nämlich, den grünen Teil der Pflanze etwa 3 cm über dem Boden glatt abzuschneiden. In diesem Fall wird die Pflanze wieder neu austreiben und Sie können sie so nach ein paar Wochen wieder ernten. Probieren Sie es doch einfach mit einem Teil Ihrer Ernte aus.

KOHLRABI

Bei den meisten Sorten des Kohlrabis ist der optimale Erntezeitpunkt erreicht, wenn die Knolle die Größe eines Tennisballs erreicht hat. Es gibt einige Sorten, die größer werden, also prüfen Sie zur Sicherheit die Informationen auf Ihrem Samenpäckchen. Dieser Zeitpunkt sollte im Normalfall nach sechs bis acht Wochen nach der Aussaat erreicht sein. Schneiden Sie den Strunk einfach direkt unter der Knolle mit einem scharfen Messer oder einer Gartenschere durch. Die Blätter des Kohlrabi sind übrigens auch essbar. Diese können Sie auch roh oder gekocht verzehren, sie enthalten sehr viel Vitamin A.

Im Juni können Sie auch noch direkt Kohlrabi auf den abgeernteten Flächen nachsäen.

RADIESCHEN

Weiterhin können Sie, wie schon im Vormonat, frische Radieschen ernten und in den entstandenen Zwischenräumen der Radieschen-Reihe neu nachsäen.

SALAT

Auf jeden Fall sollten Sie bei Ihren **Pflücksalaten** bereits die ersten großen Blätter ernten können. Beim Pflücksalat immer die großen Blätter von außen Ernten und die kleineren in der Mitte stehen lassen. Diese wachsen sehr schnell heran, sodass Sie alle paar Tage eine große Menge Salat ernten können.

Wenn Sie **Kopfsalate** vorgezogen und im März ausgepflanzt haben, könnten auch diese nach mittlerweile acht bis zehn Wochen ausgereift sein. Zum Ernten schneiden Sie einfach den Strunk knapp unterhalb des Salatkopfes ab.

Bei Bedarf können Sie noch Kopf oder Pflücksalate nachsäen. Achten Sie bei den heranwachsenden Pflanzen auf ausreichende Bewässerung, da der Salat bei zu großer Trockenheit Blüten bilden wird und schießt. Dabei wird er bitter und ungenießbar. Im Hochsommer hilft hier auch ein kleiner Sonnenschutz für den Salat.

SPINAT

Beim Spinat haben Sie die Möglichkeit, fortlaufend zu ernten. Wenn Sie von jeder Pflanze nur einige der größeren Blätter ernten, wird sie neue Blätter austreiben. Wenn die komplette Pflanze geerntet werden soll, ziehen Sie sie einfach komplett aus dem Boden.

JULI

Im Juli beginnt in Deutschland der Hochsommer, der oft für große Hitzewellen und länger anhaltende Trockenperioden bekannt ist. Achten Sie darauf, Ihr Beet ausreichend zu wässern. Viele der Gemüsesorten kommen mit anhaltender Trockenheit gar nicht gut aus. Dabei sollten Sie nie in der prallen Sonne gießen. Lieber früh am Morgen oder abends, wenn die größte Hitze überstanden ist.

VORZIEHEN

Die letzte Pflanze, die Sie in diesem Jahr vorziehen können, ist der Fenchel. Im Vorgehen hat sich zu den Vormonaten nichts geändert.

DIREKTSAAT

Sollten Sie in den vorherigen Monaten noch nicht alle Flächen des Beets bepflanzt haben, können Sie weiterhin **Fenchel, Frühlingszwiebeln, Kürbis, Radieschen** und **Salat** aussäen. Das geht natürlich auch, wenn Sie in diesem Monat etwas abernten.

AUSPFLANZEN

Wie auch in den Vormonaten können Sie auch im Juli noch vorgezogene Pflanzen der **Busch-** und **Kidneybohnen,** des **Fenchels** und des **Kürbisses** auspflanzen.

PFLEGE

- Achten Sie darauf, dass ihr Hochbeet bei anhaltender Hitze und Trockenheit reichlich gegossen wird. Am besten eignen sich dazu der Morgen und der Abend. Bei zu wenig Feuchtigkeit werden einige Gemüsesorten wie **Kohlrabi, Radieschen** oder **Fenchel** schnell holzig und hart. Andere Sorten, wie zum Beispiel **Salat**, fangen an zu schießen und werden ungenießbar. Im Sommer brauchen Hochbeete viel Wasser, da die Erde im Hochbeet eine höhere Temperatur hat als im Gartenbeet. Allerdings ist das Grund-/Brunnenwasser sehr kalt, was den Wurzeln nicht so guttut. Wir empfehlen daher, das Wasser aus den Regentonnen zu verwenden und diese bei Trockenheit stets mit Brunnenwasser aufzufüllen. So bekommt es eine Temperatur, die der Erdtemperatur im Hochbeet ähnelt.

- Denken Sie daran, Ihre **Tomatenpflanzen** regelmäßig auszugeizen, sodass es nicht zu viele Triebe gibt.
- Kontrollieren Sie regelmäßig das junge Gemüse. Im Hochbeet wächst – bei richtiger Pflege - alles etwas schneller. So können **Kohlrabi** sowie **Radieschen** schnell aufplatzen und holzig werden.
- Achten Sie auf den Blütenstand von **Brokkoli** und **Blumenkohl.** Beginnt dieser sich an einigen Stellen zu öffnen, wird es Zeit für die Ernte.
- **Zucchini** sind absolute Wasserliebhaber. Sie können sie bei längeren Dürreperioden helfen, indem Sie rund um die **Zucchini** mulchen, also Rindenmulch ausbringen. Dieser verlangsamt die Verdunstung der Flüssigkeit aus der Erde. So bleibt mehr Wasser für die **Zucchini**.
- Prüfen Sie Ihr Beet und Ihre bepflanzten Kübel regelmäßig auf Unkraut. Viele Gemüsesorten sind keine Freunde von Unkraut, dass Ihnen Feuchtigkeit und Nährstoffe klaut. Ziehen Sie das Unkraut heraus und geben Sie es auf einen gesonderten Kompost, um die Samen nicht im nächsten Jahr mit dem Fertigkompost zurück ins Beet zu bringen.
- Reifes Gemüse muss jetzt regelmäßig geerntet werden. Es sind nie alle Pflanzen einer Sorte gleichzeitig reif!
- Auch diesen Monat können Sie wieder Bestäubungshilfe für die **Tomaten** leisten, indem Sie sie leicht schütteln oder die Blüten mit einer elektrischen Zahnbürste jeweils kurz zum Vibrieren bringen.

ERNTE

AUBERGINEN

Mit etwas Glück und einem sehr sonnigen Juli können Sie Ende dieses Monats schon die ersten Auberginen ernten. Dazu muss die Schale allerdings auch komplett ausgefärbt sein und glänzen. Wenn es noch nicht so weit sein sollte, machen Sie sich nichts draus. Nur noch ein paar Sonnentage mehr und die Früchte sind reif. Zu lange darf man die Auberginen auch nicht hängen lassen. Die Kelchblätter oben auf der Frucht sollten auf jeden Fall noch in sattem Grün erstrahlen und nicht bräunlich werden. Schneiden Sie die Frucht einfach mit einem scharfen Messer ab.

Zudem können Sie sich auf weitere Früchte freuen. Die Auberginen sind nie alle gleichzeitig erntereif, aber die Pflanze wird weitere Früchte ausbilden. Unter guten Umständen können Sie so auch noch im September frische Auberginen ernten.

BLUMENKOHL / BROKKOLI

Sowohl Brokkoli als auch Blumenkohl werden bei noch geschlossenem Blütenstand geerntet. Aus den von beiden bekannten Röschen entstehen nämlich die Blüten. Den Blumenkohl können Sie acht bis zwölf Wochen nach der Pflanzung ernten. Dazu einfach den Kopf mit einem scharfen Messer abschneiden. Das Blattgrün können Sie gedünstet sogar mitessen. Den Rest der Pflanze sollten Sie aus dem Boden holen und dem Kompost zuführen.

Den Brokkoli ernten Sie ähnlich, auch wenn Sie hier durchaus 10 cm von Stiel miternten können. Dieser ist auch essbar. Eine Besonderheit beim Brokkoli ist, dass dieser nach der Ernte des Kopfes weitere keine Röschen ausbildet, die Sie immer wieder neu ernten können. Die Brokkolipflanze können Sie nach der Ernte also noch im Beet lassen, wenn Sie den Platz nicht benötigen.

GURKEN

Wenn die Gurken eine Größe von etwa 15 cm erreicht haben, sind sie erntereif. Schneiden Sie sie einfach am Stil kurz über der Frucht mit einem scharfen Messer ab. Sie können Sie auch noch etwas größer werden lassen, sollten sie aber unbedingt ernten, bevor sie sich gelblich färben.

KNOBLAUCH

Den Erntezeitpunkt für Knoblauch erkennen Sie daran, dass sich das Laub braun verfärbt. Erst wenn nur noch ein kleines Stück Grün der Pflanze übrig ist, wird die Knolle geerntet. Greifen Sie dazu sehr tief an der Knolle und ziehen Sie sie heraus. Sollte es diesen Monat bei Ihrem Knoblauch noch nicht so weit sein, freuen Sie sich auf die Ernte im nächsten Monat.

MANGOLD

Mangold können Sie ganz ähnlich ernten wie die Pflücksalate. Die größeren äußeren Blätter können Sie einfach abbrechen. Die jüngeren inneren Blätter sollten Sie stehen lassen. Die Pflanze wird dann neue Blätter austreiben und so können Sie ab jetzt teilweise bis spät in den Herbst hinein ernten. Dazu einfach wie gehabt bei Bedarf die äußeren Blätter abernten und die Mitte stehen lassen.

ROTE BETE

Wenn das Wetter in diesem Sommer überzeugt, können Sie Ende Juli bereits die erste Rote Bete ernten. Theoretisch lassen sich die Früchte ernten, sobald sie die Größe eines Golfballs haben. Allerdings kann Rote Bete durchaus deutlich größer werden und sogar Faustgröße erreichen. Den jungen Früchten wird nachgesagt, dass sie süßer und zarter sind. Wir empfehlen Ihnen trotzdem die größten Knollen zu ernten und den kleineren noch etwas Zeit zum Weiterwachsen zu lassen.

Um die Knollen zu ernten, einfach am Laub aus dem Boden ziehen. Achten Sie auf die Farbe, wenn Sie die Blätter abbrechen. Ähnlich wie die Knolle färben auch die Stiele der Blätter sehr stark ab.

TOMATE

Im Juli sollten Sie auch die Tomatenpflanzen mit der ersten Ernte beglücken. Am besten schmecken Tomaten, wenn sie an der Pflanze ausreifen, also schön rot geworden sind. Dann lassen Sie sich normalerweise einfach abziehen. Sie können sie aber auch mit dem grünen Stil ernten, vorausgesetzt, dass alle Früchte an dieser Rispe ausgereift sind. Falls nicht, ernten Sie die Tomaten lieber einzeln und lassen grüne Exemplare noch nachreifen für die nächsten Wochen.

WEISSKOHL / ROTKOHL

Kohl kann geerntet werden, wenn der Kopf schön fest und geschlossen ist. Auch hier ist die Ernte meist geschmacksintensiver, wenn der Kopf noch kleiner ist. Je nach Sorte kann sich aber durchaus ein mehrere Kilogramm schwerer Kohlkopf bilden. Es liegt also etwas an Ihren Vorlieben, wann Sie den Kohl ernten wollen. Sie können ihn auch durchaus noch bis September stehen und gedeihen lassen.

Wenn Sie sich für die Ernte entscheiden, sollten Sie den Kohl mitsamt der Wurzel aus der Erde ziehen. Strunk und Wurzel werden kurz unterhalb des Kopfes abgeschnitten und entsorgt. Sie sollten nicht in der Erde verbleiben.

ZUCCHINI

Zucchini sollten geerntet werden, bevor sie die 20 cm Größe überschreiten. Denn wenn man sie lässt, wachsen die Zucchini wie wild. Sie werden durchaus zwei bis drei Kilogramm schwer, wenn man sie nicht erntet. Allerdings wird der Geschmack dann sehr wässrig und es geschieht leicht, dass Sie einfach zu viel Zucchini haben und nicht alle essen können. Deshalb die Daumenregel, dass Sie Ihre Zucchini mit einer Größe von etwa 20 cm ernten. Sie können aber auch einfach selbst unterschiedliche Größen probieren und selbst entscheiden, welche Varianten Ihnen am besten schmeckt. Schneiden Sie den Stiel einfach 2-3 cm über der Frucht ab.

WEITERE ERNTEMÖGLICHKEITEN

Wie bereits im Vormonat können Sie auch weiterhin **Kohlrabi und Spinat** ernten. Außerdem können Sie den gewonnenen Platz durch geernteten **Fenchel, Frühlingszwiebeln, Radieschen** und **Salatköpfe** nutzen, um diese Sorten neu anzusäen.

AUGUST

Der Sommer ist in vollem Gang und beschert Sie hoffentlich mit einer reichen Ernte aus Ihrem Hochbeet.

DIREKTSAAT

Wie bereits in den Vormonaten können Sie auch im August noch **Frühlingszwiebeln, Radieschen** und **Salat** aussäen. Voraussetzung dafür ist natürlich, dass Sie auch genug Platz in Ihrem Beet haben.

AUSPFLANZEN

Falls Sie noch vorgezogenen **Fenchel** haben, ist der August der letzte Monat im Jahr, um diesen im Hochbeet auszupflanzen. Die Details dazu finden Sie im Kapitel des Monats April. Es waren dieses Jahr also einige Ernten Fenchel möglich.

PFLEGE

- Die Reifezeit des Gemüses ist im August aufgrund der vielen Sonnenstunden einige Tage kürzer. Kontrollieren Sie also regelmäßig ihr Beet. Sorgen Sie außerdem für ausreichend Wasser, um ein frühzeitiges Schießen der Pflanzen zu verhindern.
- Halten Sie Ihre **Kürbispflanze** im Blick. Die Ranken sollten sich alle über den Rand des Hochbeets nach draußen bewegen, da Sie sonst die anderen Pflanzen im Hochbeet zuwuchern. Sollten Sie den **Kürbis** außerhalb des Hochbeets gepflanzt haben, prüfen Sie auch hier, ob die Pflanze etwas zuwuchert, was Ihnen wichtig ist.

- Achten Sie auch auf Ihre **Buschbohnen**. Sie werden schnell hart und bilden dann starke Fäden. Lieber etwas früher ernten und ein paar Tage in der Vorratskammer nachreifen lassen.
- Achten Sie in abgeernteten Beeten, auf denen Sie nicht nachsäen darauf, entweder die Erde auszutauschen und die alte Erde im Frühjahr neu mit Kompost anzureichern – oder aber Gründüngungspflanzen auszusäen, wie es die Landwirte tun. Dafür eignen sich Sonnenblumen, Lupinen, Wicken und Ringelblumen und Phacelia. Sie alle wurzeln tief und lockern damit die Erde auf. Gleichzeitig bieten sie Bienen und anderen Insekten neue Nahrung.
- Kontrollieren Sie regelmäßig alle **Kohlpflanzen** und **Salatsorten** auf Raupen und Schnecken. Ein Tipp gegen Schnecken im Hochbeet sind die Kupferbänder, die Sie rundherum am Rahmen des Hochbeetes anbringen können.
- Ihre Pflanzen in Hochbeeten und Kübeln benötigen weiterhin regelmäßig Wasser, da dies in der wärmeren Erde schnell aufgesogen wird – und bei Trockenheit noch schneller durchsickert, sodass die Erde keine Zeit hat, es aufzunehmen.
- Wer seinen **Schnittlauch** auch im Winter am liebsten frisch schneidet, sollte die Pflanze jetzt ausgraben und in einen Blumentopf setzen. Er kann aber auch geerntet und klein geschnitten eingefroren werden und die Pflanze überwintert im Garten. Der **Schnittlauch** kommt in jedem Frühjahr wieder.
- Wer **Lavendel** im Kräuterbeet hat, kann diesen nun zum ersten Mal ernten und damit die Pflanze zu einem zweiten Flor anregen. Die Lavendelstängel einfach über Kopf an einem dunklen, trockenen Ort aufhängen und trocknen lassen. Die getrockneten Blüten eignen sich für einen aufgebrühten Gute-Nacht-Tee oder für Lavendelsäckchen und zur Dekoration.

ERNTE

BUSCHBOHNEN / KIDNEYBOHNEN

Buschbohnen sollten geerntet werden, solange sich die Samen etwa 1 cm groß sind und sich noch nicht sichtbar in der Schote abzeichnen. Warten Sie zu lange, wird die Schote sehr fasrig. Einen Test können Sie machen, indem Sie eine Schote einmal durchbrechen. Sie sollte glatt durchbrochen werden und eine sattgrüne Bruchstelle aufweisen. Ziehen Sie die Schoten einfach von der Pflanze ab. Wenn Sie regelmäßig ernten, motivieren Sie die Pflanze neue Blüten auszubilden und somit weitere Bohnen zu produzieren. Essen Sie die Bohnen aber niemals roh, da sie eine giftige Eiweißverbindung enthalten, die erst beim Kochen neutralisiert wird.

Auch die Kidneybohnen können Sie nun bereits ernten, wenn Sie noch grün und zart sind. Die Hülsen sollten allerdings entfernt werden, da sie lange Fäden ziehen. Eine gebräuchlichere Methode ist es, die Bohnen so lange an der Pflanze zu lassen, bis sie vollkommen ausgetrocknet sind. Dafür lassen Sie sie einfach bis Oktober an der Pflanze hängen, bis die Hülsen komplett trocken sind und rascheln. Im ausgetrockneten Zustand lässt sich die Schale viel einfacher entfernen und die Kidneybohnen sind sehr gut lagerfähig, wenn Sie sie trocken halten. Wir empfehlen Ihnen ein paar frische Bohnen zu ernten und zu kochen. Dann können Sie selbst entscheiden, ob Sie weiter ernten oder geduldig abwarten, bis die Bohnen getrocknet sind.

KARTOFFELN

Die Kartoffeln präsentieren Ihren optimalen Erntezeitpunkt selbst. Wenn die Pflanze welkt und komplett braun vertrocknet, ist die Zeit gekommen, um die Knollen auszugraben. Es ist auch schon möglich sie vorher zu ernten, allerdings sind die Kartoffeln dann deutlich kleiner. Erst wenn das ganze grün verwelkt ist, haben die Knollen ihre maximale Größe erreicht. Um die Kartoffeln länger haltbar zu machen, sollen Sie sie an einem trockenen Tag ernten und über ein paar Stunden in der Sonne trocknen lassen. In lockerer Hochbeeterde empfehlen wir mit den Händen die Kartoffeln auszugraben, da Sie diese mit Gartenwerkzeugen verletzen können. Wenn Kartoffeln im Wachstum zu nah an der Oberfläche waren und Tageslicht abbekommen haben, können Sie eine grüne Färbung aufweisen. Diese Kartoffeln bitte unbedingt aussortieren, da Sie einen giftigen Stoff namens Solanin enthalten.

LAUCH

Etwa drei Monate nach dem Auspflanzen können Sie Ihren Lauch zu ernten. Allerdings eilt die Ernte nicht, Sie können die Stangen auch durchaus noch eine Weile wachsen lassen. Je dicker die Stange ist, desto mehr leckeren Lauch haben Sie zur Verfügung. Lauch kann auch durchaus bis in den späten Herbst im November geerntet werden. Zum Ernten lockern Sie am besten die Erde auf beiden Seiten der Pflanze und ziehen Sie diese dann vorsichtig heraus.

PAPRIKA

Auch grüne Paprika kann geerntet und bedenkenlos verzehrt werden. Der Geschmack wird sich aber noch verändern, wenn Sie die Paprika weiter reifen lassen. Je nach Sorte werden sie sich dann meist in Gelb oder Rot verfärben. Sie können hier rein nach Optik ernten. Sobald die Frucht eine für Sie ansehnliche Farbe gebildet hat, einfach mit einem scharfen Messer am Strunk abschneiden. Über die nächsten Wochen können Sie die weiteren Früchte begutachten und nach Belieben ernten. Bis Oktober sollte es so möglich sein, weitere frische Paprika zu ernten.

ZUCKERERBSEN

Wenn die Zuckerschoten noch jung und dünn sind, können Sie diese direkt von der Pflanze naschen. Wir empfehlen Ihnen, die Schoten immer frisch und direkt vor dem Verbrauch zu ernten, dann schmecken sie am besten. Sollten Sie den optimalen Zeitpunkt zur Ernte verpasst haben, weil die Schoten dick geworden sind und die Samen sich deutlich in der Schote abzeichnen, ist das auch kein Problem. Sie können auch voll ausgereifte Schoten ernten. Diese sollten Sie aber nicht direkt essen, da die Hülle sehr fasrig und zäh geworden ist. Allerdings können Sie die Schale entfernen und so an die leckeren Erbsen innendrin herankommen. Das ist zwar eine recht aufwendige Arbeit, wenn man den ganzen Korb voller Schoten hat, allerdings lohnt sich die Arbeit. Die Erbsen aus dem Inneren der Schote schmecken köstlich.

ZWIEBELN

Überprüfen Sie Ihre Speisezwiebeln im Hochbeet. In der Regel sind die Zwiebeln reif für die Ernte, wenn die Blätter verwelken. Im Zweifelsfall lieber etwas länger in der Erde lassen. Wie bei den Kartoffeln bietet sich bei den Zwiebeln ein trockener Tag zur Ernte an. Wenn das grün komplett verwelkt ist, ziehen Sie die Zwiebeln einfach aus dem Boden. Sie können diese sofort verzehren. Wollen Sie die Zwiebeln allerdings lagerfähig machen, sollten Sie sie einige Tage draußen trocknen lassen. Wichtig dabei ist, dass keine Feuchtigkeit an die Zwiebeln kommt. Wir empfehlen den trocknen Gartenboden, oder, falls sich Regen ankündigt, einen trockenen Unterstand auf Balkon oder Terrasse. Hierzu am besten etwas Zeitungspapier unter den Zwiebeln ausbreiten und diese breitflächig darauf verteilen, damit viel Luft an die Knollen kommt.

WEITERE ERNTEMÖGLICHKEITEN

Halten Sie weiterhin Ausschau nach erntereifen Früchten an Ihren **Auberginen-, Zucchini-, Gurken- und Tomatenpflanzen**. Auch Ihren **Mangold** und die **Pflücksalate** können Sie weiterhin von außen abernten, sodass diese von innen weiter nachtreiben können. Wenn Sie den Kopf Ihres Brokkolis schon geerntet haben, können Sie nun fortlaufend die kleinen Röschen, die sich dort bilden, abernten. Falls noch nicht geschehen, können Sie auch weiterhin **Blumenkohl, Fenchel, Frühlingszwiebeln, Knoblauch, Kohlrabi, Radieschen, Rote Bete, Weiß-** und **Rotkohl** ernten.

SEPTEMBER

Der Hochsommer klingt aus und wir machen uns mit unserem Hochbeet langsam bereit für den Herbst. Dennoch können wir in diesem Monat noch vieles ernten und unsere Vorratsschränke füllen.

DIREKTSAAT

KNOBLAUCH

Im September geht die Pflanzzeit für den Winterknoblauch los. Dieser wird etwa zur gleichen Zeit wie der im Frühling gepflanzte Knoblauch erntereif, sollte allerdings deutlich ertragreicher sein. Wie bereits im Frühjahr gehabt, werden die Knoblauchzehen aufrecht in die Erde gesteckt, sodass die nur die obere Spitze herausguckt. Wenn die Erde nicht ausreichend feucht sein sollte, gießen Sie die frisch gesteckten Zehen vorsichtig. Noch mal zur Erinnerung; Knoblauch wächst auch sehr gut in kleinen Blumentöpfen oder Balkonkästen.

SPINAT

Während Sie den Frühjahrsspinat bereits verzehrt haben, wird es nun Zeit, den Winterspinat auszusäen. Wie bereits aus dem Frühjahr bekannt, werden die Samen mit einem Abstand von etwa 5 cm gesät. Zwischen zwei Reihen sollten dabei wieder etwa 20 cm liegen. Auch der Winterspinat ist sehr anspruchslos im Wachstum und eignet sich gut für Balkonkästen.

WEITERHIN MÖGLICH

Zum letzten Mal für dieses Jahr können Sie im September nochmals **Radieschen** nachsäen, um diese dann im Oktober zu ernten. Auch **Pflück-** und **Kopfsalate** können weiterhin gesät werden, um sie bis in den Winter frisch zu ernten.

PFLEGE

- Die etwas kühleren Tage des Septembers eignen sich gut, um den Komposthaufen umzusetzen.
- Tragen Ihre **Tomaten** noch unreife Früchte? Lassen Sie diese noch einige Zeit an der Pflanze. Solange keine Frostgefahr besteht, werden sie dort noch reif. Sie können die unreifen Tomaten auch an einem dunklen, trockenen Ort lagern, wo sie in Ruhe bei Zimmertemperatur ausreifen. Viele Gärtner lassen die Tomaten an der Staude und hängen den kompletten Zweig auf. So können die Früchte auch noch Nährstoffe aus dem Pflanzenrest ziehen.
- Haben Sie **Basilikum** im Kräuterbeet? Dann können Sie dies nun mit frischer Erde in einen Topf setzen und ins Haus holen oder es an einen geschützten, warmen und sonnigen Ort stellen. Draußen sollte es abends mit Folie abgedeckt werden.

ERNTE

KAROTTEN

Nach etwa vier bis fünf Monaten sind die Karotten erntereif. Spätestens wenn die Blattspitzen sich gelb oder rötlich verfärben, sollten Sie geerntet werden. Sie können auch schon früher geerntet werden, sind dann aber kleiner (und zarter). Sie können meist den Durchmesser der Rübe am oberen Ende sehen und selbst entscheiden, wann Sie ernten wollen. Je nachdem, wie hart der Boden in Ihrem Hochbeet ist, sollten sie auf beiden Seiten der Karotten die Erde mit einer Schaufel lockern, um sie einfacher am Grün aus dem Boden ziehen zu können. Wenn Sie die Karotten länger lagern wollen, sollten Sie das Grünzeug entfernen und die Möhren kühl und dunkel aufbewahren.

KNOLLENSELLERIE

Ab September beginnt auch die Erntezeit des Selleries. Allerdings können Sie diesen auch problemlos noch bis tief in den Winter im Beet lassen, um frisches Wintergemüse zu ernten. Entscheiden Sie sich für die Ernte, ziehen Sie die Knolle einfach am Laub aus der Erde. Die Wurzeln und das Laub werden eng entlang der Knolle angeschnitten. Wenn Sie die Knolle lagern wollen, sollten Sie diese nicht waschen, da die Feuchtigkeit es leichter für Pilze macht, die Knolle zu befallen.

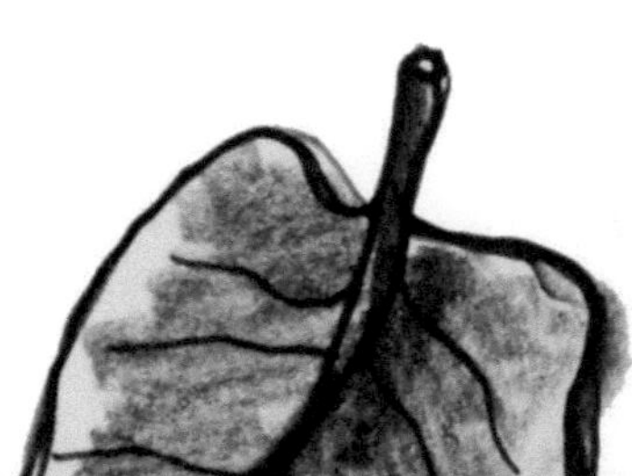
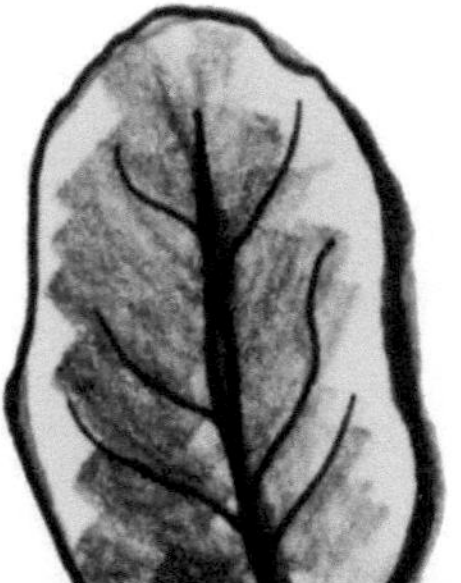

WEITERE ERNTEMÖGLICHKEITEN

Sie können auch weiter Ihre **Bohnen, Fenchel, Frühlingszwiebeln, Gurken, Kartoffeln, Lauch, Paprika, Radieschen, Rote Bete, Salat, Tomaten, Zucchini, Zuckererbsen** und **Zwiebeln** ernten. Die Kriterien zu jeder Pflanze finden Sie in den Vormonaten. Eventuell finden Sie auch noch eine reife **Aubergine** an Ihrer Pflanze, allerdings gibt es im September nicht mehr genug Sonnenstunden, als dass die Früchte noch wachsen würden. Falls Sie Ihren **Weiß- und Rotkohl** noch nicht geerntet haben sollten, haben die Köpfe mittlerweile vermutlich eine stattliche Größe erreicht. Spätestens diesen Monat sollten Sie die Kohlköpfe ernten. Gleiches gilt für den **Mangold**. Diesen können Sie Ende September nun komplett abernten, also auch die jüngeren Blätter im inneren Bereich der Pflanze.

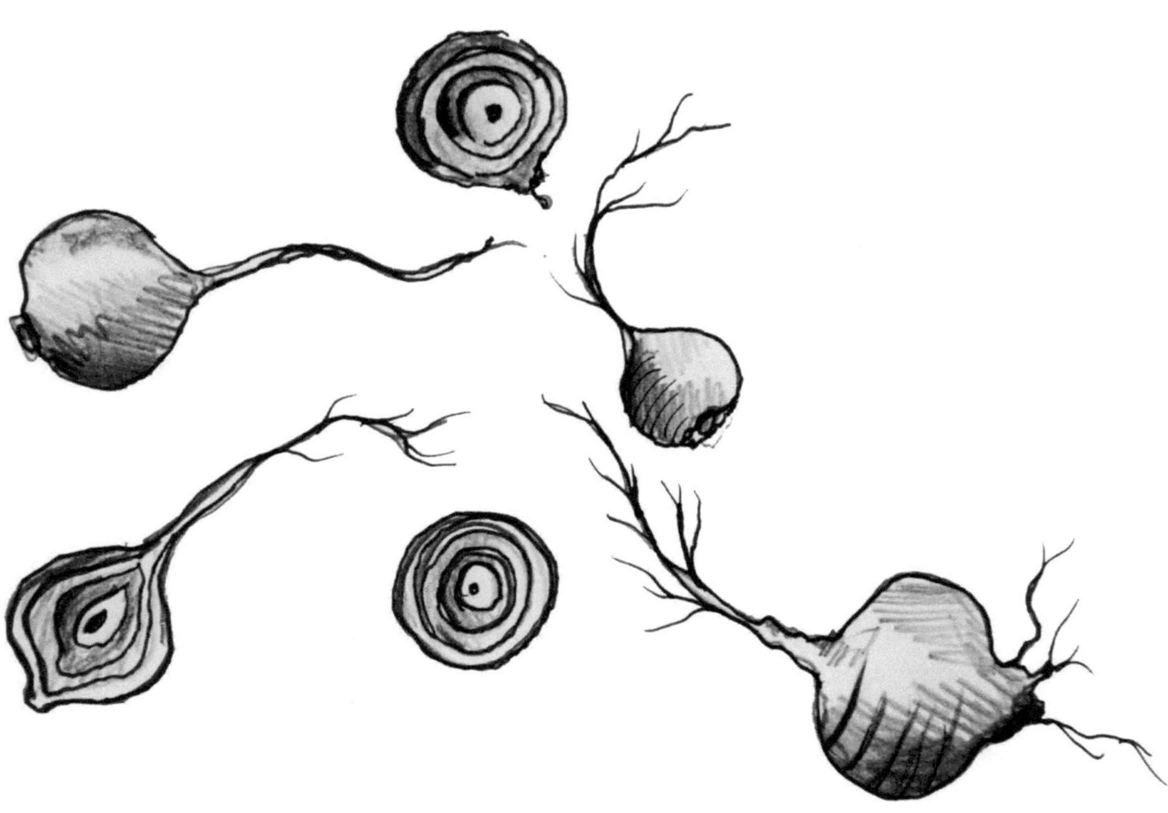

OKTOBER

Spätestens im Oktober können wir nicht mehr leugnen, dass der Sommer vorbei ist und wir unser Beet langsam, aber sich auf den Winter vorbereiten müssen.

DIREKTSAAT

Zum letzten Mal in diesem Jahr können Sie nun noch mal **Salat** aussäen. Wenn alles klappt, haben Sie so selbst im Dezember noch frischen Salat zu ernten. Besonders gut für den Winteranbau eignet sich zum Beispiel **Feldsalat**.

Wie im Vormonat können Sie außerdem noch **Winterknoblauch** und **-spinat** aussäen.

PFLEGE

- Die kahlen Flächen in Ihrem Hochbeet können Sie bereits abdecken. Dazu eignet sich Rasenschnitt, Laub oder Reisig.
- Überprüfen Sie gegebenenfalls Ihre Futterhäuschen für Vögel und Eichhörnchen. Reinigen Sie diese gründlich und sichern Sie die Aufhängung.

ERNTE

KÜRBIS

Im Herbst beginnt die Erntezeit für die Kürbisse. Ob Ihre Kürbisse reif sind, erfahren Sie mithilfe des Klopftests. Dazu einfach an der Frucht klopfen. Wenn sie hohl klingt, ist sie soweit. Dabei lässt man den Stiel ein Stück stehen, das macht ihn haltbarer. Die letzten Kürbisse sollten auf alle Fälle geerntet werden, bevor der erste Frost kommt. Lagern lassen sich am besten unbeschädigte und vollständig ausgereifte Exemplare. Diese sollten kühl und gut belüftet aufbewahrt werden.

WEITERE ERNTEMÖGLICHKEITEN

Im Oktober sollten Sie die letzten Exemplare Ihrer **Bohnen, Fenchelknollen, Gurken, Kartoffeln, Paprika, Radieschen, Rote Bete, Tomaten, Zucchini, Zuckererbsen** und **Zwiebeln** ernten. Die Pflanzenreste können Sie dabei auch wunderbar als Abdeckung für Ihr Hochbeet verwenden. Reste von **Frühlingszwiebeln, Karotten, Sellerie, Lauch** und **Salat** können auch noch im November geerntet werden.

NOVEMBER

Das Jahr klingt langsam, aber sicher aus und so lässt nun auch der Ernteertrag in den letzten Monaten deutlich nach. Aber mit ganz leeren Händen lassen wir Sie nicht stehen.

PFLEGE

- Packen Sie Ihre Kübelpflanzen in Jutetaschen oder mit Luftpolsterfolie ein, damit die Kübel frostgeschützt sind. Die Kübel sollten den Boden nicht direkt berühren. Stellen Sie sie auf etwas Styropor oder auf passende Steinfüße. Lassen Sie unter den Ablauflöchern Platz zum Abfließen des Wassers.
- Leere Blumentöpfe aus Ton und Terrakotta reinigen und zur Sicherheit in den Schuppen bringen.
- Leeren Sie die Wasserleitungen. Die Gartenpumpe sollte abgeschraubt und ins Winterlager gebracht werden. Regenfässer und andere Wasserbehälter wie Gießkannen und Vogeltränken entleeren und reinigen Sie diese zur Sicherheit. Regentonnen können einfach umgedreht überwintern.
- Denken Sie täglich an etwas Futter und Wasser für Vögel, Eichhörnchen und andere Gartentiere. Auch der Igel schläft nicht durchgehend!

ERNTE

SPINAT

Der Winterspinat sollte mittlerweile herangereift und bereit sein, geerntet zu werden. Wie auch im Frühjahr haben Sie die Möglichkeit, fortlaufend zu ernten. Wenn Sie von jeder Pflanze nur einige der größeren Blätter ernten, wird sie neue Blätter austreiben. So können Sie auch im Dezember noch frischen Spinat ernten. Wenn die komplette Pflanze geerntet werden soll, ziehen Sie sie einfach komplett aus dem Boden.

WEITERE ERNTEMÖGLICHKEITEN

Im November sollten Sie die letzten **Frühlingszwiebeln, Karotten, Kürbisse** und **Lauchstangen** ernten. Diese kommen alle nicht mit Frost aus. **Salat** und **Sellerie** können Sie zwar weiterhin ernten, allerdings können Sie sich damit auch bis in den Folgemonat noch Zeit lassen.

DEZEMBER

Dem Ende des Gartenjahres sehen wir auch mit einem lachenden Auge entgegen. Schließlich geht es nächsten Monat direkt weiter mit dem nächsten Gartenjahr.

PFLEGE

- Decken Sie die leeren Stellen im Beet mit Pflanzenresten, Laub oder Rasenschnitt ab.
- Eine gute Zeit, im Schuppen aufzuräumen, die Gartengeräte und -maschinen zu reinigen und sicher zu verstauen.
- Kontrollieren Sie nun Ihre Kübelpflanzen täglich und gießen Sie wenig, aber regelmäßig.
- Schütteln Sie stets den Schnee von herunterhängenden Zweigen und Blättern sowohl von den Sträuchern als auch von Ihrem Gemüse.

ERNTE

Auch im Dezember können Sie noch aus Ihrem Hochbeet ernten. **Knollensellerie, Salate** und **Spinat** warten geduldig darauf, von Ihnen verzehrt zu werden. Frischer **Feldsalat** zum Beispiel schmeckt zu dieser Jahreszeit am allerbesten. Probieren Sie es aus!

AUF DIE NÄCHSTEN GARTENJAHRE

Geschafft – das erste Gartenjahr ist zu Ende und Ihr Hochbeet hat Sie hoffentlich mit reichlich frischer Ernte versorgt. Vielleicht wird Ihnen jetzt klar, wieso wir der Meinung sind, das ein Hochbeet gar nicht genug Platz bietet. Einmal das selbst gezogene Gemüse gekostet, wollen wir gar nichts anderes mehr auf dem Teller haben. Damit Sie möglichst langfristig Freude an Ihrem Beet und Gemüse haben, stellen wir Ihnen hier einige Tipps und Hilfsmittel zur Verfügung, um Ihr Beet vor den häufigsten Krankheiten und Schädlingen zu schützen.

SCHÄDLINGE

KARTOFFELKÄFER

Die gelb-schwarzen Käfer und Ihre rötlichen Larven haben wir bereits angesprochen. Prüfen Sie Ihre Kartoffelpflanzen regelmäßig auf Kartoffelkäfer. Hier können Kulturschutznetze helfen, allerdings kann es bereits zu spät sein. Sollten Sie Käfer unter den Netzen einsperren, schaffen Sie das perfekte Biotop für diese. Deshalb empfehlen wir stattdessen die regelmäßige Prüfung nach Käfern und den gelb-orangenen Eiern an der Blattunterseite. Sowohl die Tiere als auch die Eier sollten Sie zerdrücken.

KOHLFLIEGE UND ERDFLÖHE

Beide knabbern gerne an jungem Kohl. Die einen an den Wurzeln, die anderen an den Blättern. Sollten Sie bemerken, dass Ihre jungen Kohlsetzlinge angeknabbert wurden, lohnt es sich, Kulturschutznetze zu besorgen. Sie erhalten diese als Meterware und können sie über das frisch ausgepflanzte Kohlgemüse spannen. Mit Tunnelbögen oder Stöcken und Stäben sorgen Sie für genug Luft unter den Netzen. Sobald die Pflanzen das Jugendalter verlassen und eine gewisse Größe erreicht haben, sollten die Tiere keine sehr große Gefahr mehr darstellen.

SCHNECKEN

Schnecken freuen sich sehr über Ihr Gemüse, denn sie wollen es gerne verzehren. In feuchten Sommernächten können Sie so richtig großen Schaden anrichten. Wenn Sie viele Schnecken im Garten haben, schützen Sie Ihr Hochbeet mit Kupferband und Schneckenfallen. Außerdem sollten Sie darauf achten, dass Sie auch außerhalb Ihres Hochbeets keine „Schneckenhöhlen" bereithalten. Entfernen Sie leere Kübel und sonstige Dinge aus dem Garten, die ein feuchtes Biotop für Schnecken darstellen können. Es lohnt sich außerdem, den Rasen kurz zu halten.

VÖGEL

Sollten Sie Probleme mit Vögeln in Ihrem Garten haben, die sich über Ihre Gemüsepflanzen hermachen, können Sie gröbere Vogelschutznetze über das Beet spannen, um es zu schützen. Prüfen Sie diese aber regelmäßig, um darin gefangene Vögel zu befreien.

KRANKHEITEN

ECHTER UND FALSCHER MEHLTAU

Echte Mehltau wird durch Trockenheit begünstigt und ist an weißen Flecken auf den Blättern zu erkennen. Die Pflanzen sollten also ausreichend gewässert werden. Achten Sie aber darauf, nicht die Blätter zu benetzen. Denn zu viel Feuchtigkeit fördert den falschen Mehltau. In besonders feuchten Sommern kann er die Ernte stark beschränken. Er sorgt für braune Flecken auf den Blättern, die den Anschein erwecken, die Pflanze hätte zu wenig Wasser. Hier ist aber genau das Gegenteil der Fall. Sorgen Sie dafür, dass mehr Luft unter den Blättern zirkulieren kann.

In beiden Fällen werden betroffene Stellen entfernt und entsorgt. Aber Achtung: Nicht auf dem Kompost entsorgen, sonst holen Sie sich die Krankheiten mit dem Fertigkompost des nächsten Jahres wieder zurück ins Beet!

FÄULE

Auch die Fäule ist häufig auf eine zu hohe Feuchtigkeit zurückzuführen und befällt Kartoffeln und Tomaten. Erkennbar ist sie an dunkelbraunen Flecken auf den Blättern, die sich entlang der Pflanze ausbreiten. Befallene Pflanzenteile unbedingt entfernen und außerhalb des Komposthaufens entsorgen.

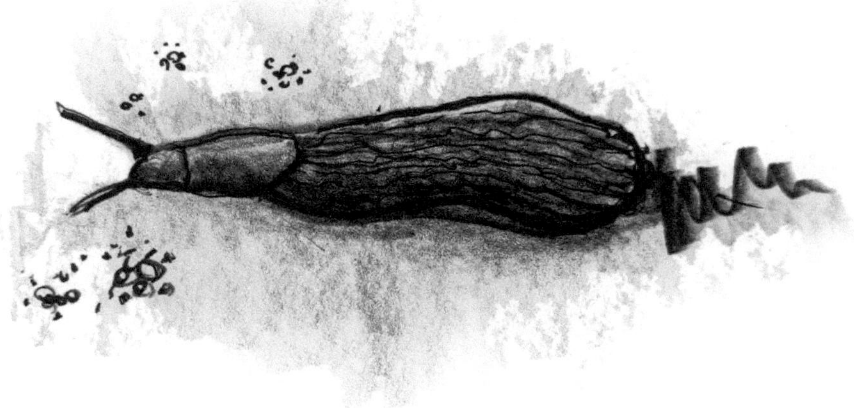

BEETVORBEREITUNG

Als Hilfsmittel gegen Schädlinge lohnt es sich auch, den Bepflanzungsplan jedes Jahr zu ändern, da einige Schädlinge Eier in der Erde hinterlassen. Die im Frühjahr schlüpfenden Larven machen sich dann an der gleichen Stelle wieder über das Lieblingsgemüse her.

Außerdem gibt es Pflanzen, die mehr Nährstoffe aus dem Boden ziehen als andere, wodurch sich die Qualität der Erde im Hochbeet ändert. Da Sie jedes Jahr neuen Kompost einarbeiten sollten, ist diese Auswirkung im Hochbeet allerdings deutlich geringer als beim klassischen Beetanbau.

Wenn Sie sich auch in den nächsten Jahren an unserem Beispielbeet orientieren wollen, ist die einfachste Methode, den Bepflanzungsplan zu spiegeln, sodass die Pflanzen auf der rechten Seite im nächsten Jahr auf der linken Seite stehen und umgekehrt. Aber wer weiß, vielleicht haben Sie in diesem Jahr ein neues Lieblingsgemüse entdeckt, oder aber Ihre Lust, neue Gemüsesorten auszuprobieren. Ihrer Phantasie sind hier keine Grenzen gesetzt.

Wir wünschen Ihnen auch in den Folgejahren viel Erfolg mit Ihrem Hochbeet und hoffen, wir konnten Ihrer Gärtnerkarriere mit diesem Buch etwas Starthilfe geben!

IMPRESSUM

ISBN 978-3-9824431-0-2

Autor wird vertreten durch:

SanApta Verlag
Moritz Noder
Bliggergasse 5
69239 Neckarsteinach

Covergestaltung und Konzept: Denise Gahn
Alle Illustrationen angefertigt von: Denise Gahn
Kontakt: denisegahn@gmx.de · denisegahn.com

Jahr der Veröffentlichung: 2022

Druck: Libri Plureos GmbH, Friedensallee 273, 22763 Hamburg

Sie haben Fragen, Kritik oder Anregungen?

Senden Sie uns gerne Ihr Feedback an **info@das-schlauebuch.de**
Nur so können wir uns und unser Buch stetig weiterentwickeln.